华中科技大学
塑性加工学科发展历程
（1953—2023）

王运赣　李志刚　主编

中国·武汉

图书在版编目（CIP）数据

华中科技大学塑性加工学科发展历程 ：1953—2023/王运赣，李志刚主编. —武汉：华中科技大学出版社，2024. 5

ISBN 978-7-5772-0935-7

Ⅰ. ① 华… Ⅱ. ① 王… ② 李… Ⅲ. ① 金属压力加工-学科发展-概况-中国-1953-2023 Ⅳ. ① TG301-12

中国国家版本馆 CIP 数据核字（2024）第 105463 号

华中科技大学塑性加工学科发展历程（1953—2023） 王运赣 李志刚 主编

Huazhong Keji Daxue Suxing Jiagong Xueke Fazhan Licheng（1953—2023）

策划编辑：章 红
责任编辑：章 红
封面设计：琥珀视觉
版式设计：赵慧萍
责任校对：阮 敏
责任监印：朱 玢
出版发行：华中科技大学出版社（中国·武汉） 电话：（027）81321913
武汉市东湖新技术开发区华工科技园 邮编：430223
录 排：华中科技大学出版社美编室
印 刷：湖北新华印务有限公司
开 本：710mm×1000mm 1/16
印 张：16. 25
字 数：218 千字
版 次：2024 年 5 月第 1 版第 1 次印刷
定 价：128. 00 元

本书若有印装质量问题，请向出版社营销中心调换
全国免费服务热线：400-6679-118 竭诚为您服务

前言

PREFACE

2022年华中科技大学迎来了建校70周年。塑性加工学科是华中科技大学创建最早的学科之一，从建校次年开始筹建金属压力加工专业，至今也经历了70个春秋。

塑性加工学科本科生教育的专业名称前后改过多次，“压力加工”“锻压工艺及设备”“塑性成形工艺及设备”都曾是教育部认定的专业名称。1989年以后，铸造、锻压、焊接三个专业合并，成为现在的“材料成型及控制工程”专业。塑性加工学科研究生教育的专业名称，1998年之前为“金属塑性加工”，1998年之后与其他几个专业合并，称为“材料加工工程”。本书撰写的塑性加工学科发展历程，涵盖了本科生教育和研究生教育两个方面，包括了教学、科研、师资队伍建设、国际合作和党建工作等内容。

从1953年至今，华中科技大学塑性加工学科从无到有，从小到大，由弱到强，现已发展成为国内领先的学科之一。“勇于创新、敢为人先”，诠释了本学科的发展历程，本学科在发展壮大的过程中创造了许多个国内第一。本学科在国内率先开展计算机辅助设计与制造（CAD/CAM）的研究，建立了第一个模具CAD/CAM系统，开发了第一个塑料注射成型过程模拟系统；在国内最早开始锻压设备计算机控制的研究，将数控技术应用于折弯机、剪板机、锻造液压机、通用液压机、伺服压力机、电动螺旋压力机、板料渐进成形机等多种塑性加工设备；在全国机械类金属塑性加工专业中被评为第一个重点学科；本科生教学有口皆碑，多年来一直雄踞全国高校同类专业榜首；建立了本领域唯一的国家重点实验室——“塑性成形模拟及模具技术国家重点实验室”，即现在的“材料成形与模具技术全国重点实验室”……华中科技大学塑性加工学科在其发展过程中，每一个脚印都是那样地坚实、厚重和深刻，无不体现出“同心协力，团结奋斗”“千锤百炼，坚韧不拔”“异军突起，出奇制胜”的“锻压精神”。编写此书的目的就是要铭记塑性加工学科艰苦奋斗的发展历史，传承和发扬宝贵的“锻压精神”，促进本学科高水平发展，创造更加辉煌的成就。

华中科技大学塑性加工学科人才济济，英雄辈出，从这里走出了大学校长、院士、知名学者、长江学者特聘教授、国家杰出青年科学基金获得者、科技创新领军人才、全国优秀科技工作者、楚天学子……华中科技大学塑性加工学科是一个培育优秀人才的地方，莘莘学子从这里奔向祖国四面八方，成为各行各业的杰出人物和骨干力量。本书在“校友光荣榜”上列出的校友，仅仅是他们之中的一小部分，由于多种原因，许多优秀校友未能上榜，在此深表遗憾。

本学科全体教师和员工大力支持编写《华中科技大学塑性加工学科发展历程（1953—2023）》，并提供了大量宝贵的资料、图片、数据和信息，使编写工作得以顺利完成。参加本书编写工作的主要人员及编写分工如下：周士能、夏巨谌、严泰、王新云、胡国安、黄早文、张祥林、黄亮、金俊松、邓磊（塑性加工工艺部分）；肖祥芷、李志刚、李建军、黄志高、柳玉起、张宜生（数字化模具设计制造、工艺过程模拟与高强钢热冲压成形部分）；王运赣、陈国清、骆际焕、莫健华（塑性加工设备部分）；王运赣、周钢、刘洁、张海鸥、王桂兰、叶春生、莫健华（增材制造部分）。毕业后离校多年的孙友松、李从心和冯炳尧校友，在编写过程中提出了许多宝贵建议，在此谨致谢意。

本书的编写得到了华中科技大学材料科学与工程学院、材料成形与模具技术全国重点实验室的大力支持，在此致以衷心的感谢。

李志刚

2023 年 12 月 20 日

目录

CONTENTS

第一章 历史沿革

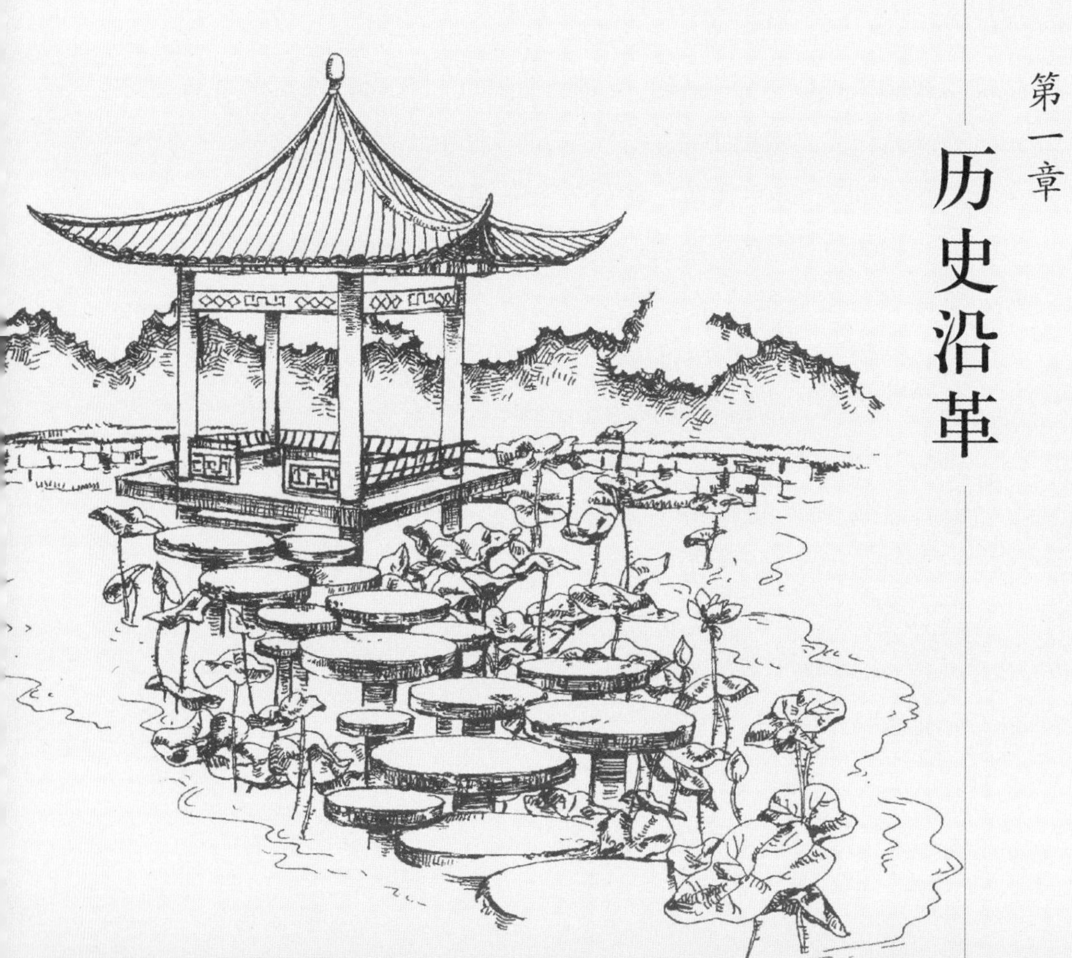

（1）1953 年，肖景容老师和黄树槐老师入职华中工学院，筹建金属压力加工专业、专业教研室和实验室。

（2）1953 年至 1956 年，肖景容老师和黄树槐老师先后在哈尔滨工业大学锻压研究生班进修，学习苏联有关专业经验，拟订专业教学计划与教学大纲。

（3）1955 年，首次招收本科专业五年制学生 2 个班。

（4）1955 年至 1958 年，引进一批国内外名校毕业的教师，包括：清华大学刘颖桢、黄遵循、朱人杰、徐龙啸，上海交通大学周士能、何永标、罗兴邦，广西大学张德修，留苏归国杨鸿勋。

（5）1959 年，肖景容老师任教研室主任，陶毓斌任副主任。

（6）1960 年，肖祥芷、周耀尊、王运赣和毛建民等 4 名党员毕业生加入教研室，建立第一届党支部。肖祥芷、王运赣先后任党支部书记，肖振球任党支部副书记。

（7）20 世纪 60 年代初，郭芷荣老师留苏归国，加入教研室。

（8）1960 年至 1970 年，一大批新生力量加入教研室，包括：马胜辉、肖振球、李尚健、骆际焕、刘协舫、陈海源、夏巨谌、刘先菊、黄早文、冯炳尧、李爱珍、赵松林等。

（9）1961 年，黄树槐任实验室主任。

（10）1962 年，郭芷荣任教研室副主任。

（11）1964 年，骆际焕任实验室副主任。

（12）1964 年，招收压力加工工艺及设备专业五年制学生 2 个班。

（13）1965 年，专业名称改为锻压工艺及设备。

（14）1965 年，招收本科专业五年制学生 2 个班，此后因“文化大革命”暂停招生。

（15）1966 年，李金丰任锻压实验室副主任。

（16）1971 年，我国大学恢复招生，锻压专业招收第一届三年制工农兵大学生，此后共计招收 6 届。

（17）1971 年，夏巨谌任教研室党支部书记。

（18）1977 年，我国恢复高考，锻压专业招收“文化大革命”后的第一届四年制学生。

（19）1978 年，肖景容、黄树槐、郭芷荣由讲师晋升为教授，开始招收硕士研究生。

（20）1978 年，锻压专业招收“文革”后第一届研究生 10 人。

（21）1979 年，王运赣、蒋希贤任教研室副主任，此后王运赣任教研室主任，他于 1981 年赴英国伯明翰大学访问学习，并在 1983 年回国后任教研室副主任。

（22）1980 年，黄遵循任教研室副主任，张宜生任实验室副主任。

（23）1981 年，李金丰任实验室主任。

（24）1982 年至 1984 年，陈国清任教研室党支部书记。

（25）1982 年，金涤尘、阮绍骏任实验室副主任。

（26）1983 年，莫健华任实验室副主任。

（27）20 世纪 80 年代，先后派遣金涤尘、王运赣、李志刚、李德群、严泰作为访问学者赴德国、英国、美国学习，李从心赴德国从事博士后研究，吕言和莫健华赴日本攻读博士学位。

（28）20 世纪 80 年代，教研室组织代表团，赴苏联、新加坡、德国、英国、比利时等访问，邀请苏联、英国、日本、澳大利亚、新加坡等外国专家来校访问，积极开展国际合作。

（29）1981 年，我校锻压专业所属材料学和材料加工工程专业正式获批硕士学位点，1984 年所属材料加工工程专业获批博士点，随即开始招收第一届博士研究生。1998 年材料加工工程专业获批国家一级学科博士学位授予权。肖景容和黄树槐成为首批博士生指导教师。

（30）1984 年 12 月至 1993 年 1 月，黄树槐先后任华中工学院院长、华中理工大学校长。

（31）1987 年，国家教委评选我校金属塑性加工专业为国家重点学科。

（32）1988 年至 1991 年，周士能任教研室主任。

（33）1991 年，批准建立“塑性成形模拟及模具技术国家重点实验室”，1995 年通过验收并对外开放，2006 年 8 月更名为“材料成形与模具技术国家重点实验室”。2022 年重组为“材料成形与模具技术全国重点实验室”。1991 年至 2004 年，李志刚任第一任主任；2005 年至 2018 年，李建军任第二任主任；2019 年至 2022 年，周华民任第三任主任；2023 年至现在，闫春泽任第四任主任。

（34）1992 年至 1993 年，李从心任教研室主任。

（35）1993 年至 1996 年，李志刚任教研室主任，黄早文任党支部书记，黄重九任实验室主任。

（36）1998 年，科技部批准建立“快速原型制造技术生产力促进中心（湖北）”，黄树槐任主任，莫健华任副主任。

（37）1999 年，学校根据教育部颁布的新的本科专业目录，将铸、锻、焊三个专业合并，统称为材料成形与控制工程专业（简称“材控”）。

（38）2004 年，湖北省科技厅批准建立“湖北省先进成型技术及装备工程技术研究中心”。莫健华任中心主任。

（39）2006 年，中英先进材料及成形技术联合实验室成立，吴鑫华任主任，史玉升、梅俊发、熊惟皓任副主任。

（40）2015 年，李德群当选中国工程院院士。

（41）2016 年，国家发展和改革委员会批准成立“数字化材料加工技术与装备国家地方联合工程实验室（湖北）”，史玉升任实验室主任。

（42）2017 年，武汉市科学技术局批准成立“武汉市增材制造工程技术研究中心”，史玉升任中心主任。

（43）2019 年，教育部批准成立“增材制造陶瓷材料教育部工程研究中心”，闫春泽任中心主任，李晨辉和吴甲民任副主任。

（44）2019 年，湖北省科技厅批准成立“湖北省增材制造技术国际科技合作基地”，闫春泽任基地主任，宋波任副主任。

第二章 教研室与实验室的创建

我校金属压力加工教研室于20世纪50年代初期组建，负责人为肖景容和黄树槐。

肖景容1951年7月毕业于湖南大学机械系，任湖南大学机械系助教。1953年院校调整时来到当时刚组建的华中工学院工作。1953年至1955年在哈尔滨工业大学锻压研究生班学习，1955年后，任华中工学院讲师、锻压教研室主任，1978年由讲师晋升为教授。

黄树槐1952年毕业于武汉大学机械系。1953年院校调整时来到当时刚组建的华中工学院工作。1955年12月至1956年8月在哈尔滨工业大学进修，1956年9月至1958年2月在清华大学进修。1964年8月至1984年8月历任华中工学院锻压教研室副主任，华中工学院机械工程研究所所长，华中工学院机械工程系主任。1978年5月由讲师晋升为教授。1984年8月至1984年12月任华中工学院教务处处长。1984年12月至1993年1月先后任华中工学院院长、华中理工大学校长。

肖景容教授（右）和
黄树槐教授（左）

黄树槐教授与华中工学院老院长
朱九思一起讨论工作

20世纪50年代加入教研室的老师有：张德修、刘颖祯、周士能、何永标、罗兴邦、黄遵循、杨鸿勋、朱人杰、徐龙啸。其中，张德修1953年在广西大学毕业后，加入教研室。刘颖祯1956年在清华大学研究生班毕业后，加入教研室。周士能、何永标和罗兴邦1957年在上海交通大学毕业后，加入教研室。黄遵循1957年在清华大学毕业后，加入教研室。朱人杰和徐龙啸1958年在清华大学毕业后，加入教研室。杨鸿勋1952年武汉大学毕业后留学苏联，回国后加入教研室。

20世纪60年代初期加入教研室的老师有：肖祥芷、王运赣、周耀尊、马胜辉、毛建民、肖振球、骆际焕和李尚健，这些老师在我校毕业后留校工作。在此期间加入教研室的还有郭芷荣，他原在我校铸造教研室任教，1955年在哈工大铸造专业研究生班毕业，此后留学苏联，获得锻压专业副博士学位，回国后在教研室任教。

1960年9月锻压教研室成员合影

左起第一排：肖祥芷、朱人杰、刘颖祯、张德修、肖景容、黄遵循、杨鸿勋

左起第二排：周耀尊、孙满仓、周士能、罗兴邦、何永标、黄树槐、李金丰、王运赣

部分老教师合影

左起：郭芷荣、何永标、肖景容、黄遵循、周士能

部分教职员工合影（一）

右起第一排：郭芷荣、黄树槐、骆际焕、李尚健、刘协舫、马胜辉、周士能

左起第二排第二人：刘先菊、戴望保、王运赣、李金丰、陈明信、姚森林、肖祥芷

教研室和实验室位于原机械厂（现校史馆）对面，紧邻铸造实验室，面积 1200 m^2，由肖景容老师设计，主要工作人员有：

(1) 实验室教学人员（教辅人员）：李金丰（实验室主任）、孟庆喜、孙满仓、阮绍骏、黄先诚、梁书云、黄重九、李亚农、余晓武、刘斌波、邹春安、黄伟京等。

（2）技术工人：陶毓斌（总管，尊称陶八级）、姚森林、邱恕银、陈明信、李玉洁、廖菊英、戴望保、陈茂权、胡秋芳、郝麦海、李全珍、戚友珍、刘翠娥、袁翠仙、蒋茂善等。

锻压教研室平面布置图及外景

部分教职工合影（二）

右起第一排：郭芷荣、邱恕银、陈明信、骆际焕

右起第二排：黄树槐、马胜辉、孟庆喜、李尚健、李金丰、王运赣

右起第三排：姚森林、肖祥芷、肖景容、周士能、夏巨谌、戴望保、孙满仓、刘先菊

锻压专业首届部分毕业生合影

右起第一排：余有训（1）、金先级（2）、杨福真（6）

右起第二排：朱永钦（1）、彭秉忠（2）、周婉如（3）、金铜青（4）、徐宗耀（5）、马胜辉（9）

右起第三排：唐绍勇（1）、周耀尊（4）、朱赓硕（8）

第二届锻压专业毕业生合影

左起第二排：肖祥芷（7），第三排右起：王运赣（2）

62 级学生摄于天安门广场（1966 年 9 月）

左起第一排：王运赣、李金丰、孙友松、彭果立、李芳申、汤复兴、肖振球

左起第二排：段奇仙、徐鹏程、薛界成、孙一平、莫飞黄、邹长川、朱新榕

实验室工作人员合影（1987）

左起第一排：姚森林、阮绍骏、邱文婷、胡秋芳、蒋茂善、袁翠仙、陈明信
左起第二排：梁书云、黄重九、刘力、莫健华、刘斌波、邹春安、黄伟京、陈茂权、郝麦海

实验室南侧安置实验设备与机加工设备，占地面积 800 m^2，西侧 6 个房间为仪器室、工具室、会议室和课题组工作室。主要实验和加工设备有：160 吨曲柄压力机、100 吨试验液压机和 100 公斤双动有轨全液压操作机、60 吨万能材料试验机、300 吨摩擦压力机、30 吨冲床、50 吨冲床、630 吨液压螺旋压力机、电火加工机床、线切割加工机床、车床 3 台、万能铣床、磨床、摇臂钻等。主要测试仪器有：8 线示波器、应变仪等，20 世纪 80 年代利用世界银行贷款，又添置了一批先进测试仪器和设备，例如计算机控制仪器、计算机、平板绘图仪等。

黄树槐教授向来访者介绍高水基摩擦学实验研究（1986）

李金丰在实验室操作压力机

研究生在实验室操作材料试验机

160 吨曲柄压力机

螺旋压力机

100 吨试验液压机和 100 公斤
双动有轨全液压操作机

63 吨电动螺旋压力机样机
左起：黄树槐、郭芷荣、蒋希贤

张宜生老师操作测试仪器

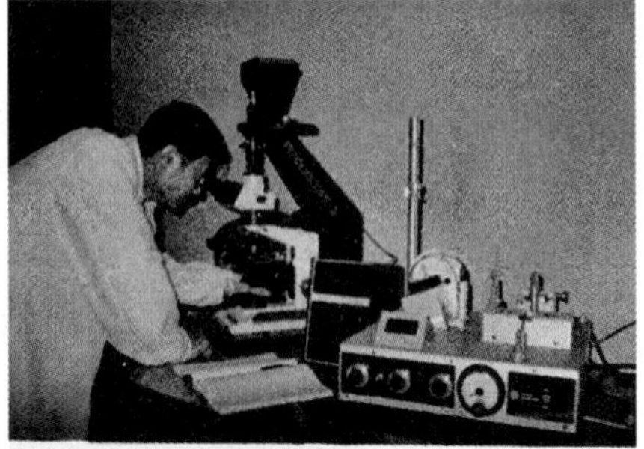

摩擦磨损试验研究

陶毓斌师傅（左3）审查李尚健（左2）的设计

姚森林师傅设计实验装置

第三章 教职员工队伍发展壮大

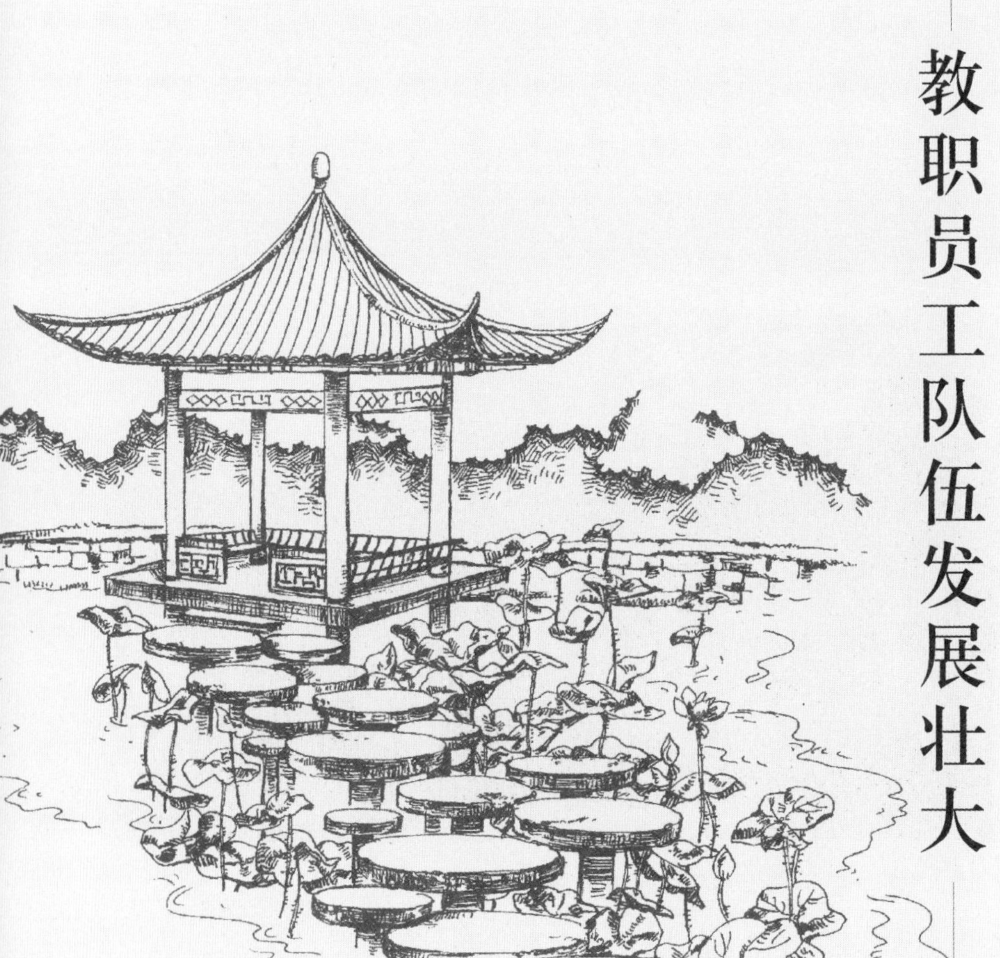

一、教职员工队伍不断发展壮大

20 世纪 60 年代中后期开始，教研室教师队伍不断发展壮大，一批优秀教师和毕业生加入教研室教师队伍，其中有：蒋希贤、彭柯、田亚梅、刘协舫、陈海源、夏巨谌、刘先菊、黄早文、冯炳尧、赵松林、金涤尘、陈国清、胡国安、张宜生、杨德良、莫健华、吕言、江复生、陈衬煌、王紫薇、段春玲、李赞、李德群、严泰、李志刚、卢怀亮、李从心、陈志明、王尧、王建坤、俞彦勤、刘力、李亚农、黄伟京、董湘怀、肖跃加、李季、马黎、陈宝萍、李建军、张祥林、熊晓红、尹自荣、余晓武、王建业、陈柏金、王耕耘、王义林、罗云华、韩明、周钢、叶春生、王华昌、郑志镇、梁培志、温建勇、周华民、史玉升、郑莹、王从军、刘洁、张李超、魏青松、蔡道生、张海鸥、王桂兰、柳玉起、王新云、吴彤、杜亭、章志兵、李中伟、张云、黄志高、黄亮、李阳、金俊松、闫春泽、宋波、邓磊、文世峰、吴甲民、王云明、龚攀、苏彬、钟凯、温东旭、周何乐子、张茂、唐学峰、蔡超等。

锻压教研室全体人员合影（1987 年，秋）

教师合影（一）

左起：金涤尘、蒋希贤、何永标、黄树槐、王运赣、陈国清

教师合影（二）

左起第一排：陈海源、王运赣、刘协舫

左起第二排：夏巨谌、戴望保、李金丰

教师合影（三）

左起：张宜生、冯炳尧、陈国清、李爱珍

教师合影（四）

左起第一排：吕言、冯炳尧、陈衬煌

左起第二排：杨德良、骆际焕、赵松林

教师合影（五）

左起：李赞、冯炳尧、夏巨谌、张爱庆

教师合影（六）

左起第一排：胡国安、夏巨谌

在630吨液压螺旋压力机前合影（1984）

左起：吕言、莫健华、卢怀亮

教师合影（七）

左起：肖祥芷（1）、夏巨谌（2）、郭芷荣（3）、肖景容（5）、李志刚（6）、彭柯（7）、江复生（8）

教师合影（八）

左起：陈衬煌、李赞、张宜生

教师合影（九）

熊晓红（左 1）、田亚梅（右 2）

教师合影（十）

田亚梅（右 1）、尹自荣（右 3）、
陈宝萍（右 4）

教师合影（十一）

右起：李志刚（3）、王峣（4）、黄树槐（5）、黄早文（6）

教师合影（十二）

右起第一排：段春玲（1）、田亚梅（2）
右起第二排：骆际焕（1）、阮绍骏（2）、
张宜生（4）

系党总支书记李代仁在一重水压机车间看望研发人员

右起第一排：李代仁（3）、骆际焕（5）
右起第二排：陈衬煌（1）、王紫薇（2）

教师合影（十三）（1984）

左起：陈国清（1）、莫健华（2）、胡国安（4）

教师合影（十四）（1986）

左起：王建业、张宜生、莫健华、张祥林

董湘怀（右）、郑莹（左）访问香港理工大学

余晓武（左）、李阳（右）在实验室

史玉升（左 1）、周华民（左 2）、王新云（左 3）陪同李元元校长（右 1）考察实验室

二、20 世纪 80 年代派遣教师赴国外学习

20 世纪 80 年代之后，锻压教研室十分重视向国外著名大学学习，先后派遣：金涤尘作为访问学者赴德国学习，王运赣和李志刚作为访问学者赴英国学习，李德群作为访问学者赴美国学习，李从心赴德国从事博士后研究，严泰作为访问学者赴澳大利亚学习，吕言和莫健华赴日本攻读博士学位。

金涤尘在德国斯图加特大学

王运赣与英国伯明翰大学
机械系主任 S. A. Tobias 教授

李志刚在英国伯明翰大学

李德群在美国康奈尔大学

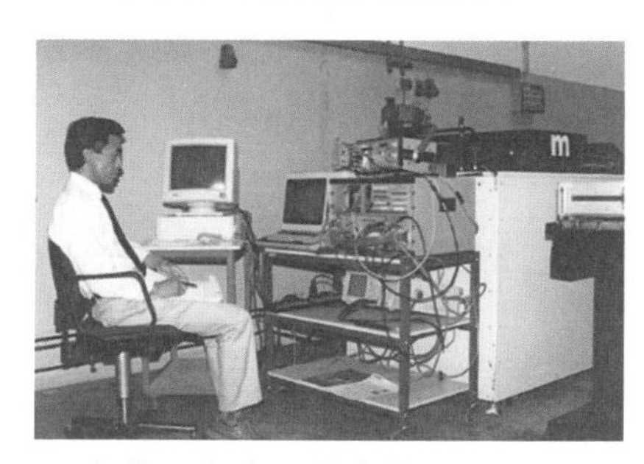

李从心在德国从事博士后研究

严泰在澳大利亚斯威本大学

三、获学术荣誉称号的教师

李德群，中国工程院院士，湖北省杰出人才奖获得者。

周华民，教育部长江学者特聘教授，国家杰出青年科学基金获得者，中国青年科技奖获得者。

王新云，国家杰出青年科学基金获得者，教育部长江学者特聘教授，科技部中青年科技创新领军人才。

史玉升，中国发明创业奖特等奖暨当代发明家，中国科学十大杰出创新人物，十佳全国优秀科技工作者提名奖，全国创新争先奖。

魏青松，华中学者，华中科技大学学术前沿青年团队负责人，黄鹤英才“专项”计划入选者，江苏省双创人才，华中科技大学师德三育人奖。

闫春泽，教育部长江学者特聘教授，湖北省百人计划特聘教授。

李中伟，教育部长江学者青年学者，湖北省杰出青年基金获得者。

宋波，国家自然科学基金委优秀青年基金获得者，湖北省杰出青年基金获得者，湖北省楚天学子。

张云，教育部长江学者青年学者。

黄亮，教育部长江学者青年学者。

第四章 教学与学科建设结硕果

一、专业发展与教学工作

（一）专业发展

锻压专业 1955 年开始招收第一届五年制学生 2 个班，1956 年招收第二届五年制学生 4 个班，1957 年招收第三届五年制学生 2 个班。1965 年专业名称改为锻压工艺及设备，此后因“文化大革命”暂停招生。1977 年，我国恢复高考，专业招收“文化大革命”后的第一届四年制学生。1978 年，专业招收“文革”后第一届研究生 10 人。

第一届五年制学生 1960 年毕业照

董青山（第三排右 4），马胜辉（第二排右 1）

下面是专业教研室部分老师、学生的合影。

教研室老师与部分 1956 级学生合影

右起第一排：何永标、黄树槐、肖景容、郭芷荣

右起第二排：刘鸿英（1）、李桂林（4）、肖祥芷（5）

右起第三排：李金丰（1）、夏德麟（3）、陈擎宇（4）

教研室老师与部分1956级学生在实验室前合影

右起第一排：黄开崇、汪应凤、刘鸿英、毛建民、黄树槐、肖祥芷、余明书、王运赣

右起第二排：胡良俊、熊华栗、夏德麟、韩乐山、刘乐善、方远浩、喻正宝

系党总支副书记熊保春与部分1964级和1965级学生合影

左起第一排：熊保春、赵松林、熊文先、冯炳尧、严首先

左起第二排：杨仲炎（2）、李干良（4）

左起第三排：陈海秀、洪宁

1996 年肖景容教授与年轻教师在湖南衡阳调研

肖景容（中）、梁培志（右）

1999 年 11 月，参加厦门锻压学会年会

左起第一排：肖祥芷、王炎山（1965 届，学会秘书长）、夏巨谌

左起第二排：黄早文（2）、沈伟中（3，1965 届）、李志刚（4）、孙友松（5，1967 届）

2001 年 1 月 29 日，黄树槐教授在深圳会见部分在粤校友

左起：陈锐荣（1967 届，金相）、孙友松（1967 届，锻压）、黄树槐、王启后（1967 届，锻压）

精密锻造成形团队师生合影

左起第一排：金俊松（1）、王新云（5）、夏巨谌（7）、胡国安（8）

左起第二排：张茂（2）、唐学峰（13）、龚攀（14）

右起第三排：邓磊（2）

高分子材料成形团队师生合影

左起第一排：黄志高（1）、周何乐子（2）、李德群（5）、周华民（6）、张云（7）

左起第二排：王云明（1）

数字化模具与成形团队教师

左起第一排：王华昌、李建军、梁培志

左起第二排：黄亮、郑志镇、温东旭

增材制造团队教师合影

左起第一排：苏彬（1）、吴甲民（2）、文世峰（3）、刘洁（4）

左起第二排：蔡超（1）、周钢（2）、魏青松（3）、闫春泽（4）、史玉升（5）、陈柏金（6）、蔡道生（10）、张李超（11）

（二）专业课程设置

20 世纪 80 年代之前，本专业的主要课程设置如下：

① 压力加工原理，40 学时；

② 冲压工艺学，50 学时；

③ 锻造工艺学，60 学时；

④ 曲柄压力机，40 学时；

⑤ 液压机，36 学时；

⑥ 锻锤，30 学时；

⑦ 加热炉，30 学时；

⑧ 车间设计，30 学时。

肖景容老师讲授“压力加工原理”，杨鸿勋、周士能、肖祥芷老师讲授“冲压工艺学”，刘颖祯、黄遵循、马胜辉老师讲授“锻造工艺学”，黄树槐、王运赣老师讲授“曲柄压力机”，朱人杰老师讲授“液压机”，何永标老师讲授“锻锤”，罗兴邦、徐龙啸老师讲授“加热炉”，张德修老师讲授“车间设计”。下面的照片是当时教研室编写的部分教材的封面：

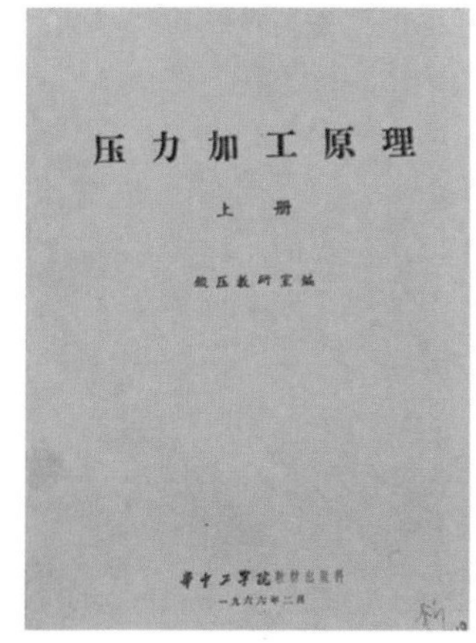

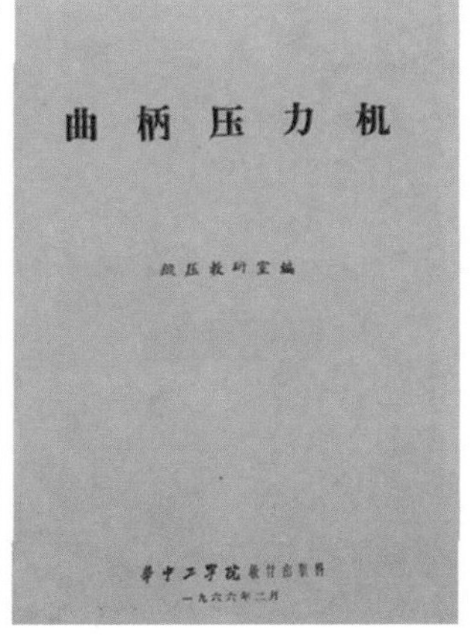

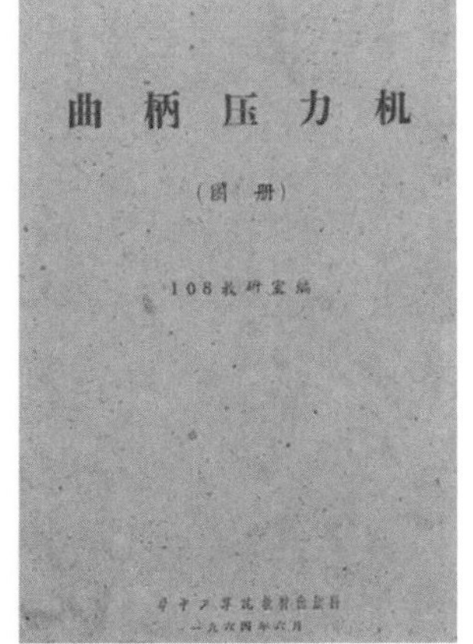

教研室编写的部分教材的封面

本专业的课程设置，随着科学技术的进步和行业生产的发展不断更新，20 世纪 80 年代后陆续开设了一些新的课程，如：微机原理、液压传动、模具 CAD/CAM、测试技术、模具制造工艺学、锻压专业英语、机械控制工程、快速成形与快速制模、3D 打印技术及应用、3D 打印材料、Additive Manufacturing、三维测量技术与逆向设计等。

学生在学习中，有认识实习、生产实习和毕业实习。专业的生产实习通常在东风汽车公司、洛阳第一拖拉机厂和洛阳轴承厂，毕业实习通常在长春第一汽车制造厂和东风汽车公司，时间为一个月左右。学生毕业设计的题目一般来自工厂的实际生产需求。除了上述工厂之外，生产实习去得最多的是本省本市的工厂，如武汉汽车制造厂、武汉铝制品厂、武汉汽轮机厂、武汉汽车标准件厂、武汉长江有线电厂、鄂城锻压机床厂、鄂城重型机床厂、大冶钢铁厂、黄石锻压机床厂、黄石制冷设备厂等。

1962 级锻压专业的学生在教研室老师带领下，到洛阳拖拉机厂实习。由于没有专业教材，大家收集工厂的技术资料，自刻蜡版，油印成册。这些资料后来在工作中发挥了巨大作用。

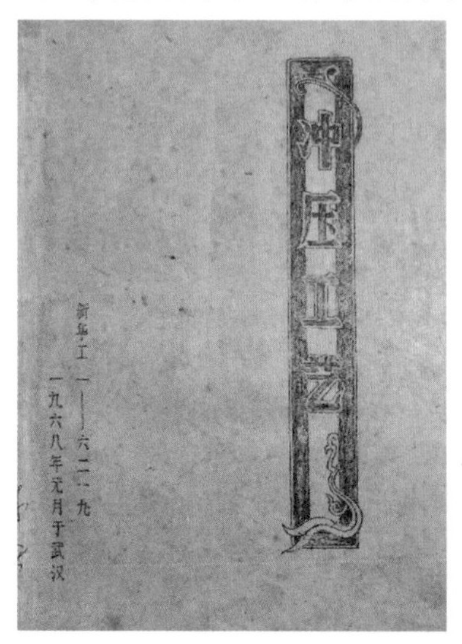

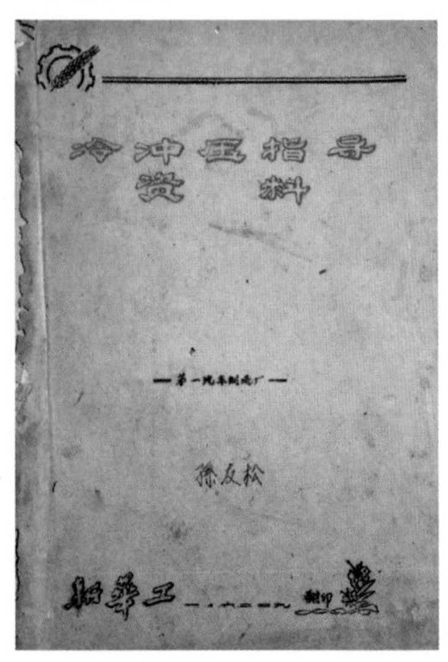

实习时的油印资料封面

（三）专业教研室建设

专业教研室的教师划分为工艺组和设备组，肖景容主任为工艺组总管，黄树槐副主任为设备组总管，在教研室统一领导下两个组独立运行。两位主任为首的老教师们十分团结齐心，为人厚道、包容，相互尊重，相互信任，相互支持，堪称典范。在老教师们良好风尚的熏陶下，青年教师也非常团结努力。青年教师刚刚毕业，缺乏教学经验，实际动手能力不足，因此工作一般从基本教学环节开始，主要是准备实验装置、编写实验指导书、指导学生实验、批改学生的实验报告、指导学生实习、指导学生课程设计、指导学生毕业设计等。

（四）教学及教材建设

1971 年，大学恢复招生，首先招收第一届三年制工农兵大学生，共计招收 6 届。学生由工厂推荐，文化基础相差很大，例如 71 级工农兵大学生中，年纪最大的学生是何日俭，39 岁，是学校机械厂锻工车间 6 级锻工，文化水平不到小学毕业；年纪最小是浠水县推荐的刘增基，刚满 16 岁；文化程度最高的是浠水县推荐的读过高一、高二的张国强和周来英；文化程度最低的是南漳县推荐的杨德良，只读到小学二年级。占比最大的是中小企业的车间主任和有一定操作技能的工人，普遍文化程度较低。

为适应工农兵大学生的教学，学校将部分相关理论基础课和技术基础课的教师下放到专业教研室。下放到锻压教研室的有数学老师俞玉森、罗媛芳，制图老师黄佩宁，物理老师陈崇光，力学老师蒋希贤，机械原理与机械零件老师陈敏卿、车荷香、赵国钦，外语老师梁观耀等。

专业教研室肖景容、骆际焕、李尚健、王运赣、贺经平等老师，编写了《液压机及液压传动》新教材，充分体现了理论联系实际，成为“文化大革命”后我校编写的第一本教材，用于工农兵学员的教学。

教材封面（一）

在此期间，为了适应教学的需要，教研室肖景容、周士能、肖祥芷、李尚健、夏巨谌、冯炳尧、黄早文等老师还先后编写了《锻造工艺及热处理》和《冷冲压工艺》两本教材。

机械原理与机械零件教研室的陈敏卿、车荷香、赵国钦，与黄树槐和王运赣共同编写了教材《机械传动及曲柄压力机》。为了编写好此书，他们专门到上海锻压机床厂、徐州锻压机床厂、济南第二机床厂和济南锻压机械研究所调查研究，收集了这些厂所设计制造的曲柄压力机的图纸资料，并且对其中的机械传动数据进行了统计分析，整理出规律性图表，形成了理论与实际相结合的设计方法，受到国内有关大学同行的一致好评，在此基础上形成了华中工学院等五院（校）编写组联合出版的统一教材，并由人民教育出版社在 1976 年和 1978 年分为上、下册出版。

教材封面（二）

在工农兵学员和老师的共同努力下，学员顺利完成了学习任务，其中有的成绩优秀，在此后的工作中做出了贡献。例如，张宜生留校工作后考取了研究生，在科研方面成绩突出，被评为教授；周来英留校后工作努力，提升为副系主任；杨德良工作积极，提升为系科研秘书，后被借调到教育部科技司工作；胡国安毕业后留在教研室，承担实验教学和科研任务，工作踏实，动手能力强，在留校工作的工农兵大学中，率先晋升为高级工程师；吕言留校任教后赴日本作特别研究员，攻读博士学位，后入职日本罔野公司任技术开发部长；莫健华毕业后在企业工作了一段时间，调入学校工作后赴清华大学摩擦学国家重点实验室做访问学者，后赴日本攻读博士学位，毕业回校工作，被评为教授。

在老师们的辛勤培养下，工农兵大学生在一定程度上缓解了1966—1976年期间人才培养断层问题，这也是锻压教研室在当时艰难条件下为国家做出的重要贡献。

锻压教研室与国内著名大学的锻压教研室建立了紧密的合作关系，例如清华大学、西安交通大学、上海交通大学、北京航空工业大学、合肥工业大学、西北工业大学、吉林工业大学、武汉工学院、北京工业大学、华南理工大学、东北重机学院、重庆大学、江西工学院等。在教育部锻压专业委员会的领导下，合作制定教学计划和编写教材，例如《曲柄压力机》和肖景容教授主编的《精密模锻》《冲压工艺学》等。

教材封面（三）

二、重点学科建设

1981 年，我校锻压工艺及设备专业所属的材料加工工程方向获批硕士学位点，1984 年所属材料加工工程方向获批硕博士学位点，随即开始招收第一届博士研究生。1998 年材料工程获批国家一级学科博士学位授予权。

1987 年，国家教委评选金属塑性加工专业国家重点学科，当时有资格参选的大学有清华大学、哈尔滨工业大学、上海交通大学和华中工学院。由于华中工学院有关专业在教学与科研各个方面的领先优势，1987 年底，我校金属塑性加工（即锻压工艺及设备）专业，被国务院

1981年，“文革”后首届硕士研究生毕业照

左起第一排：陈允凯（研究生）、黄树槐、肖景容、蒋希贤、郭字洲（研究生）、邢吉祥（研究生）

左起第二排：卢怀亮（研究生）、严泰（研究生）、邹正烈（研究生）、刘全坤（研究生）、孙友松（研究生）、李德群（研究生）、李志刚（研究生）

学科组评为重点学科，这是全国机械类金属塑性加工专业第一个重点学科。在此基础上，于1991年批准建立“塑性成形模拟及模具技术国家重点实验室”，1995年通过验收并对外开放，2006年8月更名为“材料成形与模具技术国家重点实验室”。2022年重组为“材料成形与模具技术全国重点实验室”。

材料成形与模具技术全国重点实验室大楼

李德群教授（左 3）陪同领导参观重点实验室

李亚农（右 2）向领导介绍重点实验室成果

据 1993 年统计，锻压教研室拥有 3 名博士导师、8 名教授、16 名副教授、20 名讲师、10 名工程师和 10 多名实验室工作人员。1981 年至 1992 年，招收博士研究生 33 人，硕士研究生 107 人，授予博士学位 6 人，授予硕士学位 60 人，在校博士生 20 人，硕士生 31 人。

工艺组招收的第一个博士生是余华刚，其博士论文题目是“用于注塑模设计的几何造型系统与三维冷却模拟”。余华刚博士毕业后定居澳大利亚，在 MOLDFLOW 公司工作。

2002 年余华刚博士在 MOLDFLOW 公司接待中国模具工业协会代表团

右起：余华刚（2）、李志刚（3）

设备组招收的第一个博士生是李从心，以下照片为其博士论文封面、目录、学位证书，以及随后的副教授聘书。

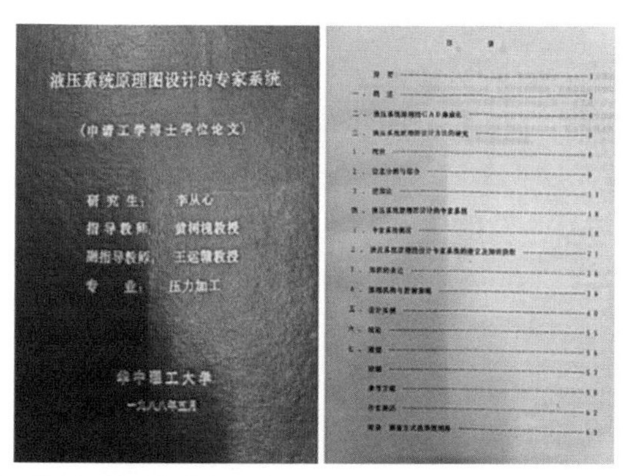

液压系统原理图设计的专家系统

（申请工学博士学位论文）

研究生：李从心

指导教师：黄树槐教授

副指导教师：王运赣教授

专业：压力加工

华中理工大学

一九八八年五月

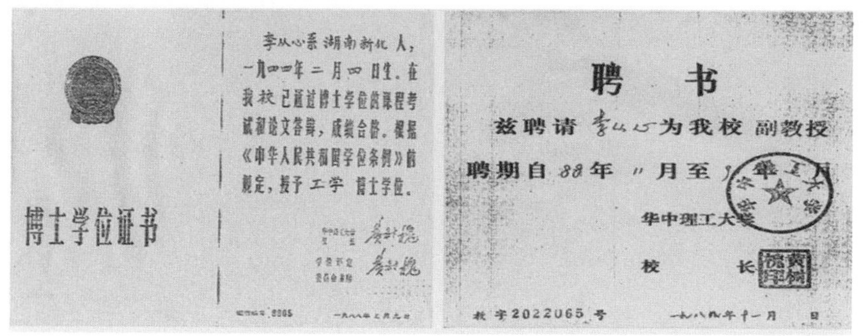

博士学位证书

李从心系湖南新化人，一九四四年二月四日生。在我校已通过博士学位的课程考试和论文答辩，成绩合格。根据《中华人民共和国学位条例》的规定，授予工学博士学位。

聘书

兹聘请李从心为我校副教授

聘期自88年11月至

华中理工大学

校长

教字2022065号　一九八八年十一月　日

李从心博士论文、博士学位证书和副教授聘书

三、科学研究成绩斐然

从20世纪60年代开始，锻压教研室就非常重视与工厂结合，开展科学研究。当时条件很艰苦，肖景容老师带头走出校门，带领学生前往岳口农具厂，帮助该厂摆脱繁重的镰刀手工锻打工艺，实现机械化生产，曾经轰动一时，开启了锻压专业科研的先河。肖景容老师还在1968年首创了汽车轮胎螺帽冷挤压工艺及装置，并在全国推广，取得了重大经济效益。

据时任教研室主任李从心1993年发表的论文中的统计数据，1987年至1992年，教研室教师发表论文220篇，出版专著17部，完成科研53项，经费506万元，鉴定成果31项，其中国家级9项，省部级17项。承担了一批国家“七五”和“八五”重点攻关项目、国家自然基金和部省级重要研究项目，取得了一批处于本专业发展前沿的高水平研究成果。

锻压设备计算机控制与辅助设计，是国内起步最早、成果多、影响较大的项目。教研室20世纪60年初开始研究自动控制，70年代开始大力开展计算机数控研究，“七五”期间开始CAD研究，持续近30年。主要成果有：

（1）1250吨水压机微机控制系统，获1988年国家教委科技进步奖二等奖。

（2）折弯机数控系统，获1992年湖北省科技进步奖二等奖，1992年机电部科技进步奖三等奖。

（3）板材折弯柔性加工单元，国家“七五”重点攻关项目，1991年由机电部主持鉴定通过。

（4）锻压设备CNC研究，机电部重点攻关项目，成功地开发了高档、中档和经济型三种锻压设备CNC系统，用于折弯机、剪板机、锻造液压机、通用液压机、机械压力机等多种锻压设备。

（5）液压系统控制和CAD，多次获得国家自然科学基金、国家教委博士点基金的资助。先后有十几名博士和硕士研究生在液压系统原理图计算机辅助设计、液压系统模型辨识、管道压力冲击、液压系统仿真和性能预测、开关式液压位置控制系统等方面进行了深入的研究，获得美国、加拿大、英国有关大学及国内外专家的好评，有关论文被收入国外《人工智能》专著和国际会议论文集。

（6）“三无”（无图板、无纸、无传统绘图仪器）CAD系统。

1993年，在黄树槐教授领导下，张宜生、梁书云、王华昌、莫健华和王建业等开展“三无”计算机辅助绘图应用研究与培训。在基于AutoCAD-Dos10.0的基础上，开发了适用于机械设计绘图的“3WCAD”绘图系统，举办了面向企业技术人员的CAD机械设计培训班，在全国40多家工厂推广应用，受到一致好评。

“三无”CAD应用研究及培训设备

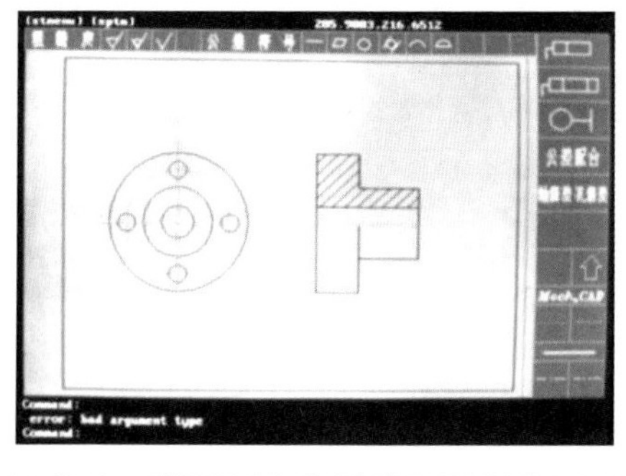

王建业、莫健华开发的图形化操作界面

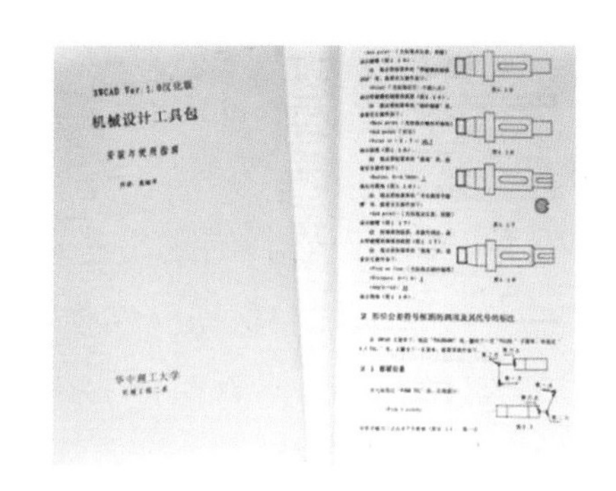

莫健华开发的机械设计工具包使用说明书

王建业、梁书云、王运赣向来访企业人员介绍计算机绘图技术

（7）锻压设备设计理论研究，在螺旋压力机驱动理论、快速、节能等方面取得了较大进展。双电机驱动4000 kN摩擦压力机于1989年获湖北省科技进步奖一等奖。ZA81-63型多工位自动压力机于1984年获湖北省科技成果三等奖。采用现代设计理论和方法研制了单动、双动薄板冲压液压机、2500 kN快速冲压液压机、J72-63型开式多工位压力机等锻压设备。

（8）塑性成形模拟及模具CAD研究，主要有：

① 1984年，建立了国内第一个模具CAD/CAM系统——精冲模CAD/CAM系统，并获得电子工业部科技进步奖二等奖。

② 1985年，开发了冲裁模CAD/CAM系统，获得机械工业部科技进步奖三等奖。

③ 1989年，开发了彩电冲裁模CAD/CAM系统，获得了机械电子工业部科技进步奖一等奖。

④ 1990年，研制了注塑模CAD/CAE系统，其中注塑过程流动分析模拟、冷却系统和保压充实模拟分析，达到国外先进水平。

⑤ 采用有限应变弹塑性有限元法，对汽车覆盖件成形过程模拟分析，采用刚塑性有限元法，对金属体积模锻、挤压成形模拟分析，为金属成形缺陷预测和工艺与模具优化提供了科学依据。

⑥ 冲模 CAD 专家系统和冲压件排样优化，1990 年获国家教委科技进步奖一等奖。

（9）塑性成形理论和少无切削工艺研究，主要有：

① 精密模锻工艺及装置的研究主要是三通管节头多向模锻技术等技术等国家“六五”和“七五”攻关项目，运用塑性成形理论，研究成形金属流动规律，与传统工艺相比，节约材料 30%以上，生产效率提高 2—3 倍，产品质量大大提高，具有显著的经济效益。

② 塑性成形极限理论的研究，提出钢材冷锻极限变形的理论判据和准则，可以预测钢材成形极限，指导生产实践，获得国内外专家的高度评价。

③ 军工项目，进行薄壁管冷翻技术研究，首次提出翻管失稳机理和防止失稳的数学模型，通过鉴定，获得好评。

（10）机械数控伺服压力机传动机构及其控制系统研究，2010 年开始研究机械数控伺服压力机，分别研制出 1000 kN 双滚珠螺杆直驱式伺服压力机和 2000 kN 肘杆传动式热成形伺服压力机。

（11）金属板料的先进成形理论与技术研究，主要有：

① 2000 年开始研究金属板料的数控渐进成形技术，与企业合作成功研制我国首台金属板料数控渐进成形设备，渐进成形技术及装备通过了技术成果鉴定。

② 金属板材的电磁脉冲高速成形研究，开展了板材高能率成形的动力学行为研究、板料的电磁脉冲渐进成形方法及理论研究、板料和金属管的电磁脉冲成形与连接研究，获得 6 项发明专利。

第五章 科研成果介绍

一、无氧化高速烧嘴研制

1980年初，学校锻压教研室与北京机电研究所共同立项“东方汽轮机厂汽轮机叶片精锻”，教研室承担其中叶片毛坯少无氧化加热炉的研制，由徐龙啸负责，参加研制工作的有严泰、胡国安和黄遵循。严泰负责燃烧产物采集和化学成分分析，并对收集到的数据进行分析。项目中一项关键技术是无氧化高速烧嘴，这是一种供氧充分、燃烧强度高的燃烧装置，可以实现锻件毛坯快速加热，但燃烧产物成分具有氧化性，不能免除毛坯的氧化。为解决上述问题，高速烧嘴的流场结构必须保证天然气与空气在最短的时间内充分混合，实现高强度燃烧，因此需要研制还原性燃烧产物，出口速度要求超过100米/秒，锻坯温度达到1250℃。当时，国外流行的方法是采用英国霍克高速烧嘴，为此必须还原霍克烧嘴旋流数的定义到计算公式的全过程，遇到很大困难。后来经过深入研究，发现了霍克烧嘴流场结构的弊端，改进了烧嘴结构，引入径向空气流，改进了烧嘴流场结构，大大提高了燃烧强度，得到了还原性燃烧产物且实现了出口速度超过100米/秒，达到预期指标，进而为推导出与霍克烧嘴流场结构完全不同的旋流数计算公式奠定了基础，得到了我们自己的少氧化高速烧嘴旋流数计算公式，这是当时国内外资料从未报道过的成果。

经过多次实验，项目取得最佳燃烧强度，指标完全达标，顺利通过机械工业部鉴定。该项目于1984年获湖北省科技进步奖二等奖，并在武汉锅炉厂、湖北汽车传动轴厂推广应用。

二、冷锻模具强度和寿命与圆锥滚子轴承套圈冷挤压工艺的研究

（一）冷锻模具强度和寿命研究

冷锻技术是一门少无切削新工艺，具有节省材料、生产率高、成

本低、产出零件精度和光洁度高等特点。但在冷锻生产中，冷锻模具强度较差，模具寿命偏低，影响冷锻技术的应用和发展。为此，华中工学院和上海标准件公司下属上标五厂、武汉汽车标准件厂共同承担了“六五”期间国家重点科技攻关项目，从1983年至1985年12月，在厂校三方共同努力下，通过三年的研究，完成了攻关计划，达到并超过了原定的攻关指标，生产效益显著，受到好评。于1987年获机械工业部科技进步奖二等奖，同年获国家级科技进步奖三等奖。

（二）圆锥轴承套圈冷挤压工艺研究

黑色金属冷挤压是一种少无切削新工艺新技术，具有节省材料、降低成本、高效生产等优点。1978年开始，华中工学院锻压教研室和湖北襄阳轴承厂合作，共同承担了第一机械工业部下达的圆锥轴承套圈冷挤压工艺研究，采用钢管冷挤压技术，生产汽车轴承套圈，在模具结构优化设计、有限元应力分析和光弹应力测定研究等方面，取得了突破性进展，解决了冷挤压模具开裂破坏、模具寿命短等关键问题，于1984年获湖北省科技进步奖二等奖，1985年获国家科技进步奖三等奖。

上述项目的研发人员为：肖景容、周士能、李尚健、陈志明、胡国安、黄早文。

三、Z9W翻卷管吸能器工艺研究

翻卷管吸能器工艺研究来源于1987年国防科工委直九武装直升机研制任务书，是华中工学院（1988年更名为华中理工大学）与航空航天部602所联合攻关的项目，要求研究安装在飞行员座椅上抗坠毁的救生翻卷管吸能器。飞机坠毁着陆时，翻卷管经过由双层管塑变为单层管，随后又塑变为双层管、单层管，反复多次变化而吸能。为此，必须采用翻管工艺，事先将圆管翻卷成双层管。承接此研究项目时，翻

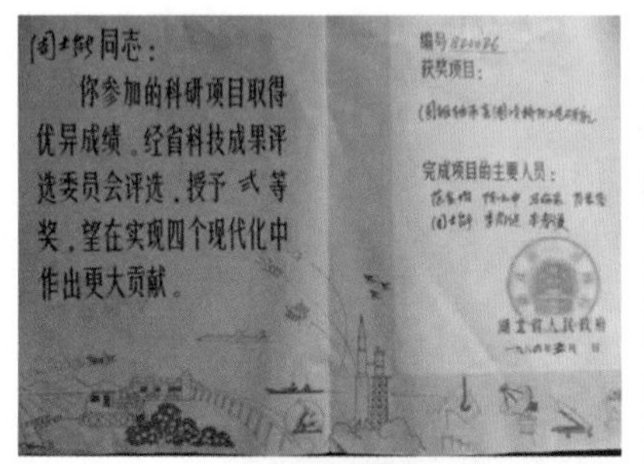
同志：
你参加的科研项目取得优异成绩，经省科技成果评选委员会评选，授予 等奖，望在实现四个现代化中作出更大贡献。
编号
获奖项目：
完成项目的主要人员：
湖北省人民政府

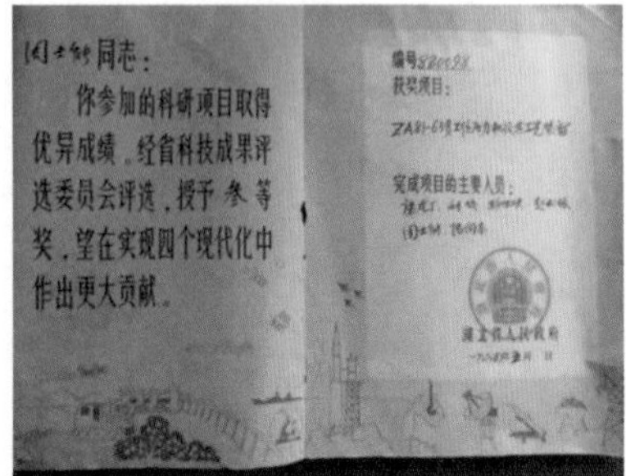
同志：
你参加的科研项目取得优异成绩，经省科技成果评选委员会评选，授予 等奖，望在实现四个现代化中作出更大贡献。
编号
获奖项目：
完成项目的主要人员：
湖北省人民政府

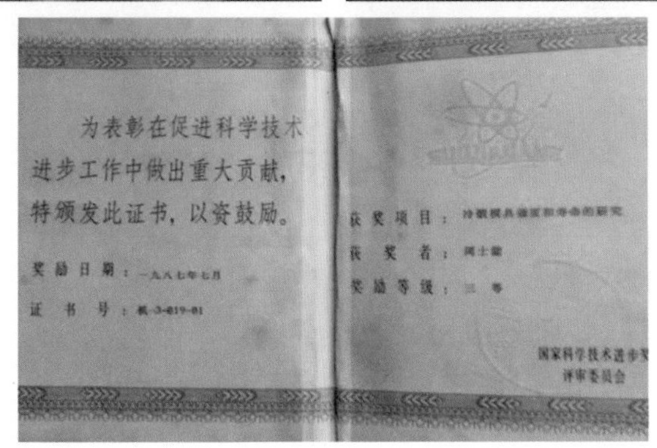
为表彰在促进科学技术进步工作中做出重大贡献，特颁发此证书，以资鼓励。
奖励日期：一九八七年七月
证 书 号：
获 奖 项 目：
获 奖 者：
奖 励 等 级：三 等
国家科学技术进步奖
评审委员会

获奖证书

管工艺在我国尚属空白。该项目由黄早文、胡国安、郭芷荣承担。经课题组多年研究后，掌握翻管工艺，成功研制翻卷管吸能器。经国防科工委测试中心模拟试验，达到预定技术指标，于1991年8月通过鉴定，1996年获国家教委科技进步奖二等奖。

为表彰在促进科学技术进步工作中做出重大贡献，特颁发此证书。

获奖项目：Z9W武装直升机抗坠毁座椅翻卷吸能器研究

获 奖 者：黄早文（第1完成人）

奖励等级：二 等

奖励日期：1996年6月

证 书 号：95-036

获奖证书 Z9W武装直升机抗坠毁座椅翻卷吸能器研究

四、抽油杆锻造研究

抽油杆是采油机械的关键部件，我国于20世纪80年代初，由兰州通用机械厂率先研发。难度最大的是规格为16 mm的抽油杆，镦锻比大于18，锻造难度大，锻造合格率低于50%，因而寻求与我校协作攻关。黄早文、郭芷荣等于1983年开始此项研制，随后，又与玉门石油机械厂、山东淄博石油机械厂协作攻关，锻造合格率达到95%以上，1990年10月通过中国石油天然气总公司装备部鉴定。

随后，生产抽油杆的企业迅速增加，发展到七十余家，全部采用上述抽油杆锻模工艺成果，抽油杆产品由进口转变为出口。随着石油探采量的增大、采油难度的增加（如深井、斜井），90年代后，课题组又与企业结合，进一步成功研制各种非标特种抽油杆（如插接杆、大螺距高强度杆、圆头杆等）的制造工艺及装备。由于应用面广、效果良好、社会经济效益巨大，于1996年获国家教委科技进步奖二等奖。该项目由黄早文、俞彦勤、郭芷荣完成。参加该项目工作的还有李尚健、黄遵循。

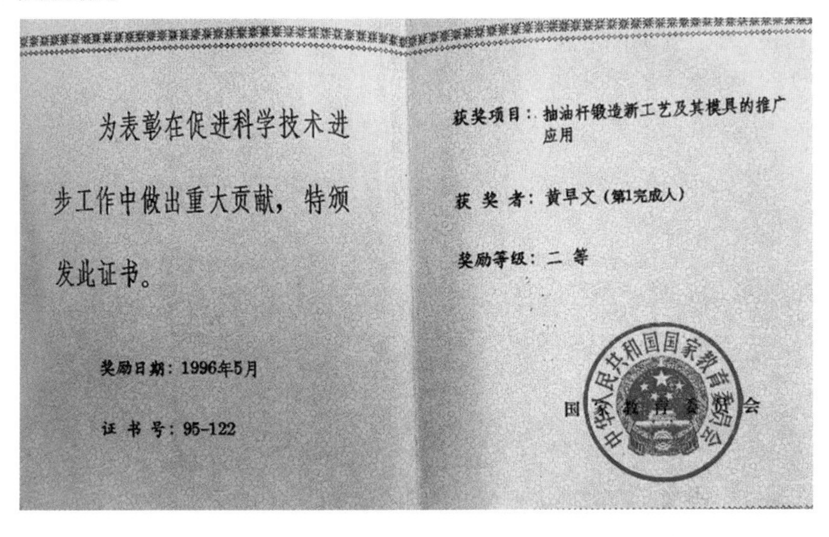
为表彰在促进科学技术进步工作中做出重大贡献，特颁发此证书。

奖励日期：1996年5月

证书号：95-122

获奖项目：抽油杆锻造新工艺及其模具的推广应用

获奖者：黄早文（第1完成人）

奖励等级：二等

国家教育委员会

抽油杆锻造新工艺及其模具的推广应用获奖证书

五、精密锻造技术与装备研发及应用

1. 研发团队

肖景容、郭芷荣、周士能、徐龙啸、黄遵循、李尚健、夏巨谌、黄早文、严泰、邱文婷、胡国安、陈志明、王新云、金俊松、邓磊、张茂、唐学峰。

2. 研究目标

高精、高效、节材、节能、绿色、环保。

3. 主要研究内容

精密锻造技术为体积金属精密塑性成形技术的简称，实际包括冷/温/热精密模锻，冷/温/热挤压和冷/温/热板冲锻复合精密成形。

4. 应用领域

汽车、电动车、航空航天飞行器、军工产品、舰船、机床、矿山与工程机械、电力金具及五金工具等产品中承受重载、冲击与振动及服役环境恶劣的关键零件的精化毛坯乃至成品零件。

5. 承担项目、完成情况、成果水平与应用

（1）1965—1979 年期间。

① 汽车标准件冷镦、冷挤压成形工艺，与武汉汽车标准件厂合作，在 160T、200T 机械压力机及 160T 多工位冷镦机上成功试验汽车螺栓、销钉等标准件系列产品的冷镦、冷挤压工艺，为国内首创，并形成批量生产能力。

② 汽车轮胎螺母及大桥螺栓冷/温/热多工序精锻成形并形成批量生产能力，为国内首创。

③ 千斤顶端盖热精锻成形，其成果被建筑行业采用，为国内首创。

④ 100-3 型收割机 65Mn 钢动刀片温/热精压成形，其成果被沔阳农机厂采用，为国内首创。

⑤ 启动电机压圈与磁极冷精锻成形，其成果被电机制造行业采用，为国内首创。

⑥ 自行车花盘冷精锻成形，成果被上海、武汉等的多家自行车厂采用，为国内首创。

⑦ 100-3 型收割机万向节头闭式热挤压模锻，成果被沔阳农机厂采用，为国内首创。

⑧ 3Cr13 马氏体高强度不锈钢阀瓣及小型叶片温锻成形，成果分别被武汉锅炉厂和贵州新艺叶片厂采用，为国内首创。

⑨ 环形转底式燃油、燃气少无氧化加热炉，成果在武汉汽轮发电机厂、随州湖北齿轮厂、四川东方汽轮机厂、湖北传动轴厂等多个单位应用，为国内首创。

⑩ 多管火箭筒 7A04 高强度铝合金尾座闭式热精锻，在湖南涟源炮厂量产，1979 年在对越自卫反击战中使用，部队反映较原来 40Cr 钢尾座的火箭筒射程增加约 25%，炮火覆盖面更宽，杀伤力强，为国内首创。

（2）1980—1982 年期间。

承担湖北省工业厅汽车轴承套圈冷挤压技术攻关项目，针对外径超过 100 mm 的汽车轴承套圈其径向与切向应力显著增大而容易破裂的特点，首次提出以阶梯式三层预应力组合凹模取代单层凹模；同时针对将组合凹模视为受均匀内压作受力分析建模的缺陷，以刚塑性有限元理论为基础，建立了三层预应力组合凹模；针对挤压作用时的应力、应变分析模型，自主开发了有限元模拟分析计算源程序，实现了该模具结构及尺寸的优化设计，使该型模具最高使用寿命达 5 万件，平均使用寿命达 2 万件，较原来单层凹模寿命不超过 200 件，提高了 100 倍以上，居国际先进水平。在湖北襄阳轴承厂量产，成功解决该厂建厂后最为关键的技术难题，国内外首创。

（3）1983 年以后。

承担部委、国家重点攻关项目，成果水平及应用：

① 1983—1985 年，六五国家重点科技攻关项目“管接头多向模锻工艺及其装置”，将所研发的管接头多向水平可分凹模模具装置安装在 400—500 T 闭式单点压力机上使用，只需一个工步，就可将加工好的棒料毛坯模锻成等径三通或四通管接头精密锻件。与传统模锻工艺比较：节省材料 30％以上；节约感应加热电能 60％以上；减少模锻设备 5 台/套，机加工设备 1 台；减少操作工 6 人/次；提高生产效率 5～6 倍。1985 年项目完成后，经机械工业部组织的国家级专家组进行成果验收和技术鉴定，其结论为管接头多向模锻模具装置构思新颖巧妙，使用可靠；三通管接头多向模锻工艺节材、节能，生产效率高，技术经济效益好，为国内外首创。合作厂家武汉汽车标准件厂投入大批量生产。

② 1986—1990 年，国家七五重点科技攻关项目“异形管接头水平可分凹模精密锻造”，将研发成的可水平闭合与张开的可分凹模模具装置安装在 200—300T 闭式单点压力机上使用，可将加热好的棒料毛坯一次模锻成形为所需精密锻件。模架共用，只需更换异径三通或弯管接头镶块凹模和冲头即可。国家级专家成果验收与技术水平鉴定组评价为：国内首创。合作厂家武汉汽车标准件厂投入批量生产。

③ 1989—1992 年，承接陆军航空兵总部“Z9W 武装直升飞机抗坠毁座椅吸能器”研发，其原理是通过翻卷管的变形，将直升机坠毁时产生的强大冲击载荷平稳吸收，从而保护飞行员生命安全。该项目试验是在锻压实验室 100 吨四柱液压机上进行的，通过模具，将铝合金圆管翻卷成形。该项技术打破了国外技术垄断，为国内首创，成功用在 Z9W 武装直升飞机抗坠毁座椅上，获得教育部科技进步奖二等奖。

④ 1992—1994 年，石油工业部技术改革项目“抽油杆头部多工位镦锻成形工艺优化及技术开发”，将工艺优化所开发的多工位镦锻模安装在 630 吨平锻机上使用，与原来的工艺方案和模具相比，提高了工艺

稳定性，有效提高了抽油杆锻件的质量，在石油机械制造行业推广应用后技术经济效益显著。

⑤ 1991—1995 年，国家计委八五攻关项目“十字轴径向挤压技术与 1000T 双动/三动挤压液压机”，所研制成的液压机内/外滑块吨位为 400T/600T，下顶出油缸吨位为 200T。将可分凹模的上、下凹模分别固定在液压机的外滑块和工作台上，凸模固定在内滑块上，工作时，将加热好的棒料毛坯插入下凹模，开动压力机。首先外滑块下行至上凹模与下凹模闭合并压紧（保压），接着内滑块带动凸模下行，对毛坯施加作用力，通过径向挤压成形为十字轴精密锻件；模锻结束，内外滑块先后或同时向上回程到上限位置；顶出油缸活塞杆通过顶杆将锻件从下凹模中顶出，取走锻件，一个工作循环结束。同传统模锻工艺比较，材料利用率由 72%提高到 98%，减少加热能耗 30%以上，模锻工序由 4 道减为 1 道，十字轴的关键技术性能指标——扭转疲劳寿命由原来不足 900 万次提高到 2800 万次，为原来的 3 倍以上，为国内首创，成果被东风锻造厂等企业采用。

⑥ 1987—1992 年，湖北省机械工业厅七五、八五攻关项目“汽车传动轴万向节叉及中间花键轴精锻工艺与模具装置的研发及应用”和“汽车半轴两端头部闭式镦粗聚料制坯与卧式摆辗成形”，成功研发了 160T 专用液压机与半自动化操作机构，在湖北省内外推广，建成半轴自动化生产线 3 条。同传统的在平锻机上生产比较，设备简单，投资少，使用维护方便，其制造费用仅为平锻机的 1/4；工艺适应面宽，同行专家鉴定评价为国内外首创。

⑦ 1996—2000 年，国家计委九五火炬计划项目“汽车传动轴叉形件垂直挤压模锻技术装备及模锻与机加工生产线”，将所研发的可自动闭合与张开的自锁式垂直可分凹模模具装置安装在螺旋压力机上使用，可将加热好的棒料毛坯一次闭式模锻成形为 BJ212 商用车传动轴万向节叉或滑动叉，其特点是正向分流挤压，锻件无飞边。同传统的水平

模锻比较：提高材料利用率35%以上；节省加热能耗30%以上；减少模锻工步3道，提高生产效率60%以上。

⑧ 2004—2006年，在国内首次为湖北三环车桥开发了汽车前轴辊锻工艺及模具结构优化设计CAD/CAM软件系统，成功解决了原有辊锻制坯左右板簧支承平台难以充满的技术关键。

⑨ 2004—2007年，ZL108. ZL109中高硅铝合金汽车及空调压缩机活塞尾、活塞体、斜盘等关键零件二工步闭式精锻成形。该项目属浙江温岭市工业局和浙江省工业厅攻关项目，温岭立骅机械公司投入批量生产，除销售国内用户外，还出口到日本。

⑩ 2005—2008年，利用材料成形与模具技术国家重点实验室800T（双动/三动）液压机，成功完成轿车安全气囊气体发生器关键零件压盖和壳体热挤压精密成形研制，为国内首创，其技术成果转让给温州机械设计制造研究院。

⑪ 1998—2000年，“911”高校重点建设项目“精锻液压机系列产品研发”，与湖北黄石锻压设备集团公司华力分公司合作，研制成800T单动/双动/三动精锻液压机。首台安装在材料成形模拟及模具技术国家重点实验室，至今在上面试验成功轿车直锥齿轮冷精密锻造系列产品、载重车直锥齿轮温精锻系列产品、变速箱轴类件冷挤压成形、铝合金锻件热精锻成形，成为多名硕士、博士研究生实验研究的关键设备。

⑫ 2004—2005年，与东风精工齿轮厂合作承担湖北省十五重大科技攻关项目“轿车直锥齿轮闭式冷精锻净/近成形技术与1000T数控精锻液压机的研发”，将研制成的闭式水平可分凹模模具安装在所研究成的1000T数控精锻液压机上使用，只需滑块一次行程，便可将经过软化与润滑处理的20CrMnTi毛坯冷成形为齿形可直接装车使用的直锥齿轮精锻件，专家鉴定为国内首创；同时，在国内首次开发了采用精锻技术实现齿轮精锻模具计算机辅助设计与制造的CAD/CAM软件系统，均为国际先进水平，在东风精工齿轮厂和江苏太平洋齿轮精锻技术公司推广应用。

800T 精锻液压机

⑬ 2006—2008 年，为重庆建设集团研制成主机 1600T 两侧水平均为 1250T 的两工位多向精锻液压机和两工位水平可分凹模模具装置，将两者配套使用，可将加热好的 7A04 超硬铝合金成形为机匣体精密锻件，材料利用率近 100%，锻件表面光洁，手感好，经化学处理，色泽好，深受战士欢迎。重庆建设集团公司于 2009 年起建成专用生产线，实现两个型号的冲锋枪机匣体精密锻件的批量生产，技术经济效益显著，为国防建设作出了贡献。

轿车安全气囊气体发生器铝合金热挤压锻件

高强度铝合金机匣体锻件

重庆建设集团高强度铝合金机匣体生产线

多向精锻液压机

⑭ 2004—2008 年，与仙桃天轮机械厂合作，针对神龙轿车发动机动平衡齿盘零件材料利用率过低、生产效率过低和产品质量差的问题，先后开发出两代新技术，成功解决所存在的突出问题。

第一代新技术：采用所研发的厚板冲压拉伸与筒壁闭式镦挤成形模具，安装在 630T 液压机上使用，将加热至 650 ℃左右厚度为 10 mm 的圆形板坯（其直径按体积相等展开计算），放入凹模内进行冲压拉伸后，由凸模上的环形台阶对筒壁进行闭式镦挤增厚至 11 mm，盘形件的底面铣削至厚度为 3 mm，然后冲出减重孔，筒壁外圆加工出小模数的齿形，得到成品零件。

第二代新技术：与黄石华力公司合作研制出带有感应加热的由伺服液压驱动的旋压增厚专用设备，可将厚度为 3 mm（与辐板厚度相同）按体积相同求得圆板直径的板坯一次旋压增厚成形为精化毛坯，对外圆滚齿即得到成品零件。

⑮ 2008—2010 年，接受湖北省重大攻关项目“1600T 五工位挤压液压机及五工位挤压模具的研制”。课题组在重点实验室 800T 双动/三动挤压液压机上，按照设计的变速箱输入轴与输出轴的结构特点及五工位挤压工艺的顺序，设计并制造了五套单工序挤压模具，逐个工序进行挤压试验，得到了符合技术要求的挤压件。以此为基础，与华力公司共同申报并完成了湖北省重大攻关项目“1600T 五工位挤压液压机及

五工位挤压模具的研制”，经省内同行专家鉴定认为：是国内首创。江苏太平洋齿轮精锻技术公司用于变速箱输入轴与输出轴的批量生产。

⑯ 2013—2015 年，航空工业部大飞机关键零件铝合金上缘条整体模锻工艺及模具项目。上缘条为向下弯曲的弧形形状，其水平投影长度超过 5570 mm，宽度为 700 mm，厚度为 80 mm，内侧有一高 60 mm、宽 50 mm 偏离中心线的筋板，锻件重量达 900 kg。课题组提出，截面积相等的圆形棒料，依据平面变形的特点，棒料长度与锻件长度相等，加热后放在 8 万吨模锻液压机上的锻模内模锻成形为所需上缘条锻件，取代三段式组合件，不仅材料利用率高，生产效率高，而且零件性能大幅提高，为德阳二重集团生产该种大型锻件提供了技术方案。

⑰ 2013—2015 年，参与武汉新威科技有限公司为山东青岛三星齿轮精密锻造有限公司建设的 3 条汽车变速器行星齿轮和半轴齿轮精密锻造系列产品工艺方案的设计论证及生产过程中的技术咨询。

⑱ 2014—2016 年，与江苏太平洋齿轮精锻技术公司共同承担并完成了江苏省科技厅汽车直锥齿轮系列产品精密锻造产业化重大专项，提出分流腔三项设计原则，将分流锻造技术与传统的闭式模锻相结合，解决了多余金属分流技术难题，并使模具寿命提高到了 5～6 万件，超过了日本进口模具 2 万件的水平，国内同行专家鉴定为国际先进水平。

⑲ 2015 年至今，同湖北三环锻造、三环车桥与江苏太平洋齿轮精锻技术公司等单位建立了关系密切的产学研合作关系，建立了精密锻造技术研发中心、本科生实习基地、研究生技术创新实践基地、公司技术人员轮流培训中心等，成效显著，已成为全国锻造行业和教育部“产学研相结合”的典范。

6. 成果获奖情况

① 少无氧化加热技术与精锻成形工艺，全国科学大会奖，1978 年。

与江苏太平洋齿轮精锻技术公司共同承担并完成的江苏省科技厅产业化重大专项：精密锻造汽车直锥齿轮系列产品

② 7A04 超硬铝合金多管火箭筒尾座闭式热精锻，其成果于 1979 年用于对越自卫反击战，国防部颁发“国防军工作出突出贡献”奖状，1979 年。

③ 管接头多向模锻工艺及其装置，国家科技进步奖三等奖，1987 年。

④ 管接头多向模锻研究，湖北省科技进步奖二等奖，1987 年。

⑤ 多向精密模锻工艺及设备，湖北省科技进步奖一等奖，1993 年。

⑥ 汽车传动轴万向节叉垂直分模挤压模锻工艺及其模具，国家技术发明奖四等奖，1995 年 12 月。

⑦ 汽车半轴摆辗成形工艺应用，教育部科技进步奖三等奖，1999 年 1 月。

⑧ 汽车零件精锻成形技术及关键装备的开发与应用，湖北省科技

进步奖一等奖，2008 年 12 月。

⑨ 十字轴径向挤压成套设备的研制，湖北省科技进步奖一等奖，2001 年 12 月。

⑩ 轿车后横向稳定杆左右固定板总成，湖北省科技进步奖三等奖，2010 年 12 月。

⑪ 多工位精锻技术及其装备的研发与应用，中国机械工业联合会一等奖，2014 年 10 月 25 日。

⑫ “精锻成型技术及关键装备案例”，被教育部评选为 2008—2010 中国高校产学研合作十大优秀案例，2011 年 12 月。

⑬ 多工位精锻净成形关键技术与装备，国家技术发明奖二等奖，2016 年 12 月。

⑭ 汽车齿轮精锻成形工艺及装备，中国产学研合作促进会颁发的产学研合作创新成果奖一等奖，2018 年 12 月。

⑮ 全闭环高精度伺服折弯机的研发与应用，湖北省科技进步奖一等奖，2012 年 12 月。

六、高强钢大型构件全流程锻造变形机理及工艺

2015 年，李建军牵头主持国家自然科学基金重点项目——高强钢大型构件全流程锻造变形机理及工艺。李建军、王新云、黄亮、邓磊、郑志镇、温东旭等联合二重万航模锻公司针对 300M 高强钢大型构件全流程锻造过程中的机理及工艺问题开展了研究。从全流程角度对 300M 高强钢变形过程中的微观组织演化及流动行为进行了深入的探究，揭示了 300M 高强钢在不同变形过程中的宏微观机制，并建立了较准确的宏微观模型。通过数值模型的建立及宏微观预测分析平台的开发，实现了大型构件全流程锻造成形过程宏微观性能的预测及调控。通过 300M 高强钢的热加工性能评估、大型构件的毛坯和预锻件结构联合优化设计，发展了基于调节飞边和连皮尺寸以及局部施加背压力的局部

控流技术、局部施加包套的局部控温技术，实现了大型构件全流程锻造过程的工艺优化。

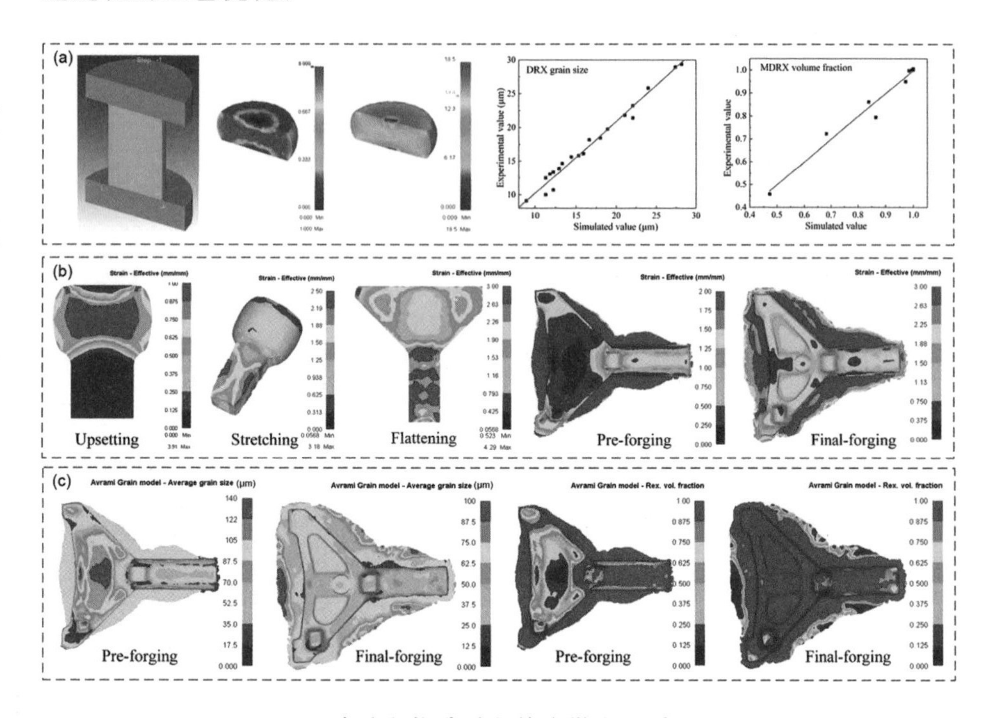

全流程锻造过程的宏微观预测

（a）微观组织预测平台开发及验证；（b）某飞机起落架外筒全流程锻造宏观预测；（c）某飞机起落架外筒全流程锻造微观组织预测

七、精冲技术研究

1964年，武汉长江有线电厂（733厂）与我校锻压教研室开始合作，进行精冲技术研究。首先，肖景容研究了精冲原理，明确指出采用三向压应力是精冲技术的核心，这个重要认识成为此后精冲研究的理论基础，其观点和所推导的公式收录在733厂编写的我国最早的精冲专著中。1970年，肖祥芷首先建议，将该厂采用碟簧作为压齿力和反顶力的方式改为液压方式，并且解决了液压技术的有关问题，率先采用液压模架，从而促进了精冲技术实用化。此后，肖祥芷多年来一直在工厂一线，风雨无阻，和有关技术人员并肩战斗，提供理论依据、翻译外文、冲洗金相照片、参与现场实验、分析实验结果、改进模具结构等。原电子工业部工艺处的领导来733厂参观精冲时，非常钦佩肖祥芷的高深精冲水平和工作态度，因此在推广精冲技术、与外商谈判时，常常请肖祥芷出席。20世纪70—80年代，国家贸易促进会与精冲技术外国专家的座谈会，肖祥芷都受邀参加。

与瑞士精冲专家合影

肖景容（第一排左2）、肖祥芷（第二排右3）

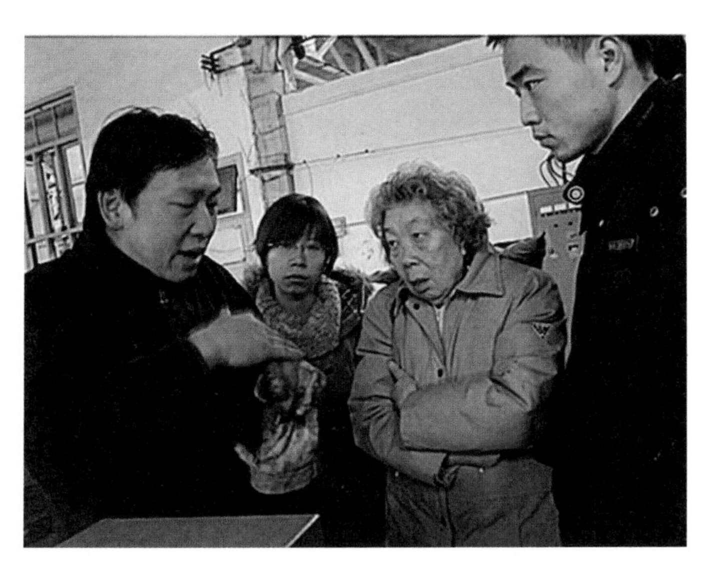

肖祥芷（右2）在733厂指导研发工作

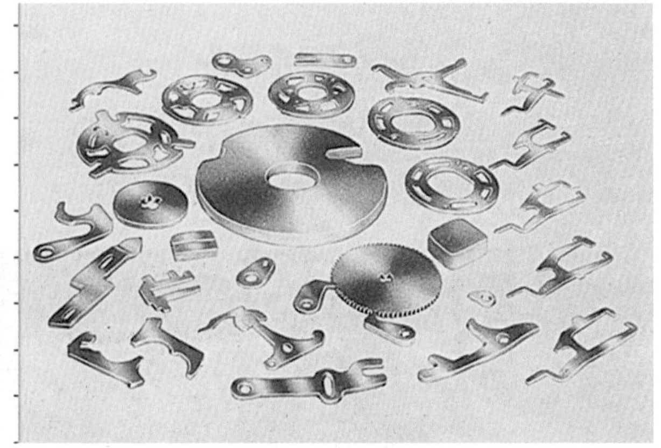

专著《精冲》封面及合作生产的精冲件

20 世纪 70—80 年代，我校与 733 厂合作研究精冲技术的成果如下：

1972 年，在普通冲床上首创液压模架用装置。

1973 年，制定 JCM-1 用精冲快换模具设计标准。

1974 年，第四机械工业部在 733 厂召开精冲技术现场会。

1974 年，北京科教电影制片厂在 733 厂拍摄“精冲”科教片，肖祥芷为电影剧本撰写者和编辑之一，1975 年在全国上映。

1978 年，精密冲裁工艺获国家科学大会奖。

1982 年，国防工业出版社出版 733 厂主编、肖祥芷主审的专著《精冲》，这是中国最早的精冲著作。

1983 年，邀请法因图尔技术部经理来学校讲学，全国 20 多个省市的 100 多人参加会议。

1984 年，开发的精冲 CAD 技术通过电子工业部鉴定。

1986 年，电子工业部对外合作司主持与外商合作谈判事宜，请肖祥芷参加，选定瑞士法因图尔公司为合作伙伴。

2005 年以来，张祥林、王义林等在肖祥芷的指导和协助下，组织完成了与中国精冲龙头企业——中航精机的 5 项合作项目。

来我校参加外国精冲专家讲学会的代表合影

2009年，张祥林负责完成国家数控科技重大专项之“近净成形技术—复杂零件精冲技术”的子课题“精冲模具使用寿命影响因素研究”等项目，2015年主持完成湖北省重点研发精冲项目（与武汉思凯精冲公司合作）。2015年日本精冲会长村川正夫教授应邀来我校学术访问。2016年张祥林作为受邀的唯一中国代表到日本参加日本精冲协会年会，介绍中国精冲发展。2021年中国精冲轮值会长陈登在专业杂志采访中，点名赞赏华科大的精冲研究成果。

村川正夫教授作学术报告

张祥林在日本精冲协会年会作报告

八、冷冲模计算机辅助设计与辅助制造（CAD/CAM）系统

（一）冷冲模计算机辅助设计与制造（CAD/CAM）组的成立与组成人员

冷冲模 CAD/CAM 研究组的前身是模具 CAD/CAM 组，由肖景容创建。肖景容于 1980 年参加在瑞士举行的压力加工国际会议，了解到国外在模具技术上已经应用了塑性成形模拟与 CAD/CAM 技术，回国以后，确定组织成立塑性成形模拟小组与模具 CAD/CAM 小组，想要开展塑性成形有限元模拟及模具 CAD/CAM 的研究，这在当时属于全国首创，是属于塑性成形加工专业的学科前沿。

肖景容当时确定由肖祥芷、李德群、李志刚三个人组成模具 CAD/CAM 研究小组，由肖祥芷担任组长。当时课题组选择在 733 厂研究与建立精密冲裁工艺与模具的 CAD/CAM 系统，并申请到电子工业部的科技攻关项目。

考虑到仅凭三个人的力量，在短时间内不可能建立起一整个模具 CAD/CAM 系统。所以最终模具 CAD/CAM 小组成员扩充为肖景容、肖祥芷、李德群、李志刚、严泰、江复生、余华刚、李亚农以及制图教研室四人与计算机学院二人等，共同组成一个十四人的“模具 CAD/CAM 组”。成立这个组后，于 1981 年至 1984 年建成了“精冲模 CAD/CAM 系统”，并于 1984 年由电子工业部主持进行了鉴定。

在完成“精冲模 CAD/CAM 系统”与“冷冲模 CAD/CAM 系统”以及“彩电零件冲裁模 CAD 系统”后，成立了冷冲模 CAD/CAM 小组（包含了级进模 CAD/CAM），其组成人员为肖祥芷、李建军、温建勇、童枚、盛自强、李亚农等。

（二）开发冷冲模计算机辅助设计与制造（CAD/CAM）系统的功能要求

冷冲模按工序性质可以分为冲裁模（精密冲裁模、普通落料与冲

孔模及切边模等）、弯曲模、拉深模、成型模和翻边模等。

按冲压工序的组合方式可分为单工序模、复合模、级进模（又称连续模），以及大型覆盖件模具等。

（1）冷冲模CAD/CAM系统中必须具有产品构型的功能，亦称产品建模的功能，这是因为冲模设计时是根据产品零件图的几何形状、材料特性、精度要求等进行工艺设计与模具结构设计的，所以在模具CAD/CAM系统中，必须采用“特征建模”的方法才能适应于工艺设计与模具设计。

（2）冷冲模CAD/CAM系统中的工艺与模具结构设计，必须具有修改及再设计的功能，因为冲压成形工艺与模具结构设计主要凭人们的经验，对于复杂形状的零件，往往需要经过反复试模才能生产出合格的产品。而试验后需要对工艺与模具结构进行修改，而且往往只修改局部模具零件形状，不希望重新开始设计，所以在系统中必须采用自动设计与人-机交互设计的方法。

（3）冷冲模CAD/CAM系统必须具有能存放大量模具设计准则与经验数据图表，以及模具标准件图形与数据的存储功能，也就是要建立能存储这些设计准则与经验的数据图表及模具标准件图形与数据的“工程数据库”。

（三）冷冲模CAD/CAM系统的基本功能组成

我们基本上是按照冲压零件形状需要的成形工序分类来建立冷冲模CAD/CAM系统的，例如冲裁模CAD/CAM系统、精冲模CAD/CAM系统、弯曲模CAD/CAM系统、拉深模CAD/CAM系统，但也包括根据模具结构类型来建立的，如级进模CAD/CAM系统与汽车大型覆盖件模具CAD/CAM系统等。

这些系统的组成功能模块基本上包括了：冲压产品图形与其他信息的特征建模；产品工艺性分析；产品的冲压工艺设计（毛坯展开、

毛坯排样、冲压工序形状与尺寸计算）；冲压力与压力中心计算及压力机选择；模具结构设计；模具制造的NC编程。

（四）完成的课题与获奖

1. 完成的课题

（1）科研项目“精冲模计算机辅助设计与制造”，任务来源于第四机械工业部1981下达的课题“模具计算机设计与制造”，1984年12月4日通过电子工业部技术鉴定，鉴定意见为“居国内领先水平”，属于国内首创。

（2）科研项目“冲裁模计算机辅助设计与制造”（与西安高压开关厂合作），1986年通过机械工业部鉴定，鉴定意见为“居国内领先水平”。

（3）科研项目“冷冲模具的计算机辅助设计”（列为国家六五科技攻关项目，与北京模具厂、上海星火模具厂等多个单位合作），1986年通过机械工业部技术鉴定，鉴定意见为“填补国内空白，居国内领先水平”。

（4）科研项目“彩电零件冲裁模CAD/CAM”，1988年9月20日通过机械电子工业部技术鉴定，鉴定意见为“整个系统居国内领先水平，其中4个模块达80年代国际水平”。

（5）科研项目“彩电零件多工位级进模CAD/CAM系统”（电子工业部于1986年下达的“彩电零件冲模CAD系统开发”科研项目的一部分，与国营成都715厂合作），1990年通过机械电子工业部鉴定，鉴定意见为“居国内同类软件领先地位，其中部分模块达到国际先进水平”。

（6）科研项目“典型弯曲件模具CAD系统”，1990年12月通过机械电子工业部南方CAD中心技术鉴定，鉴定意见为“填补国内空白，居国内领先水平”。

（7）科研项目“扬声器铁盒架冲裁模 CAD/CAM 系统开发”，1991 年通过天津市电子振兴办技术鉴定，鉴定意见为“填补国内空白，居国内领先”。

（8）科研项目“录像机接插件多工位精密模具 CAD/CAM 系统开发”（与镇江接插件总厂合作），1995 年通过电子工业部科技司鉴定，鉴定意见为“居国内领先水平，达到当前国际先进水平”。

（9）科研项目“三维多工位级进模 CAD/CAM 系统开发”（机械电子工业部课题，与 733 厂合作），该项目已经验收。

（10）科研项目“大规模集成电路引线框架模具 CAD/CAM 系统”（国家八五大规模集成电路攻关项目子课题，与厦门永红电子公司合作），该项目已经验收，属国内首创。

（11）科研项目“离合器冷冲模 CAD/CAM”（与黄石离合器厂合作），该项目已经验收。

（12）科研项目“承德挂链机厂冲裁模 CAD/CAM”，该项目已经验收。

2. 获得的奖项

（1）精冲模计算机辅助设计与制造，国家电子工业科技成果二等奖，1984 年 12 月。

（2）冲裁模计算机辅助设计与制造，机械工业部科技进步奖三等奖，1986 年 11 月。

（3）冲裁模具计算机辅助设计与制造，全国计算机应用展览项目评比中荣获二等奖，1986 年 6 月 19 日。

（4）彩电零件冲裁模计算机辅助设计与制造，国家教育委员会科学技术进步奖一等奖，1989 年 7 月。

（5）彩电零件冲裁模 CAD/CAM，武汉市经济委员会、武汉市计算机推广应用优秀成果评选特等奖，1989 年 10 月。

（6）模具计算机辅助设计方法与理论研究，国家教育委员会科技进步奖二等奖，1993 年 6 月。

（7）冲压成形模拟及冲模 CAD 理论与方法，教育部科技进步奖二等奖，1999 年 1 月 30 日。

（8）HMCAD 级进模 CAD/CAM 集成系统，教育部科技进步奖二等奖，2000 年 1 月 12 日。

1984 年 6 月精冲模 CAD 鉴定会全体代表合影留念

奖状

电子工业科技成果

受奖项目 精冲模计算机辅助设计与制造

受奖等级 贰等

受奖单位 华中工学院

1984 年 12 月精冲模计算机辅助设计与制造获电子工业科技成果二等奖

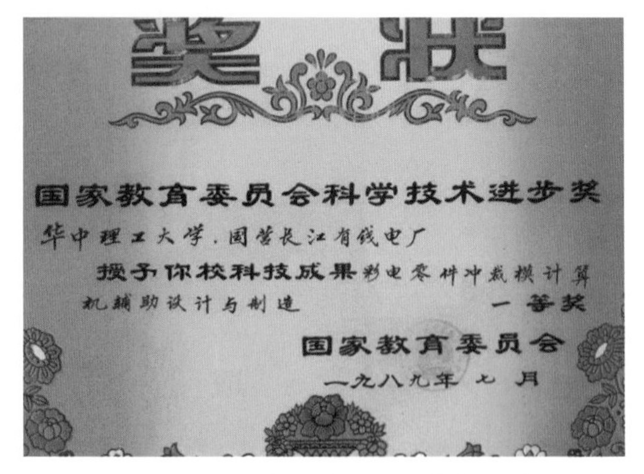
奖状

国家教育委员会科学技术进步奖

华中理工大学、国营长江有线电厂

授予你校科技成果彩电零件冲裁模计算机辅助设计与制造 一等奖

国家教育委员会

一九八九年七月

1989 年 7 月彩电零件冲裁模计算机辅助设计与制造获国家教育委员会科学技术进步奖一等奖

模具 CAD 课题组成员

正在演示精冲模 CAD 系统的是肖祥芷，

左起依次是余华刚、严泰、李德群、肖景容、李志刚、江复生

模具 CAD 课题组成员

左起依次是陈召云、李建军、李志刚、肖祥芷、王耕耘

模具 CAD 课题组成员

左起第一排：李建军、李德群、王耕耘、高先科

左起第二排：陈召云、李志刚、肖景容、肖祥芷、陈兴

九、塑料注射成形过程仿真与形性智能调控

（一）塑料注射成形过程仿真

李德群院士 1987 年回国后建立了注塑模课题组，主要从事塑料注射成形过程模拟理论与方法的研究。1997 年首次提出“成形模拟表面模型”新概念，解决了模型中形状差异的对应表面传质、传热一致性难题。由于该模型不需二次建模，显著提高了模拟效率和质量，被认为是“注射成形模拟史上的一个重要里程碑”。自主研发的华塑 CAE 模拟软件达到国际先进水平，获得 2001 年国家科技进步奖二等奖，是 2002 年中国机械工业科学技术五个重大进展发布项目之一。2003 年开始，课题组深化材料成形模拟研究，将基于表面模型的塑料注射流动、保压和冷却分析，提升并扩展为基于实体模型的流动、保压、冷却、应力、翘曲全过程集成模拟和制品成形缺陷预测，并从塑料拓展到玻璃等领域，在工程应用中产生了显著经济与社会效益，获得 2007 年国

家科技进步奖二等奖。作为成形工艺、微结构与制品性能一体化研究的倡导者，李德群院士还带领课题组建立了多场作用下聚合物形态结构演变的多尺度模型，完成了塑料注射成形过程宏观、介观集成模拟，实现了塑料制品宏观性能的定量预测。该成果作为“塑料的复合结构、注射成形过程与机械破坏行为的研究”的重要组成部分，获2010年国家自然科学奖二等奖。

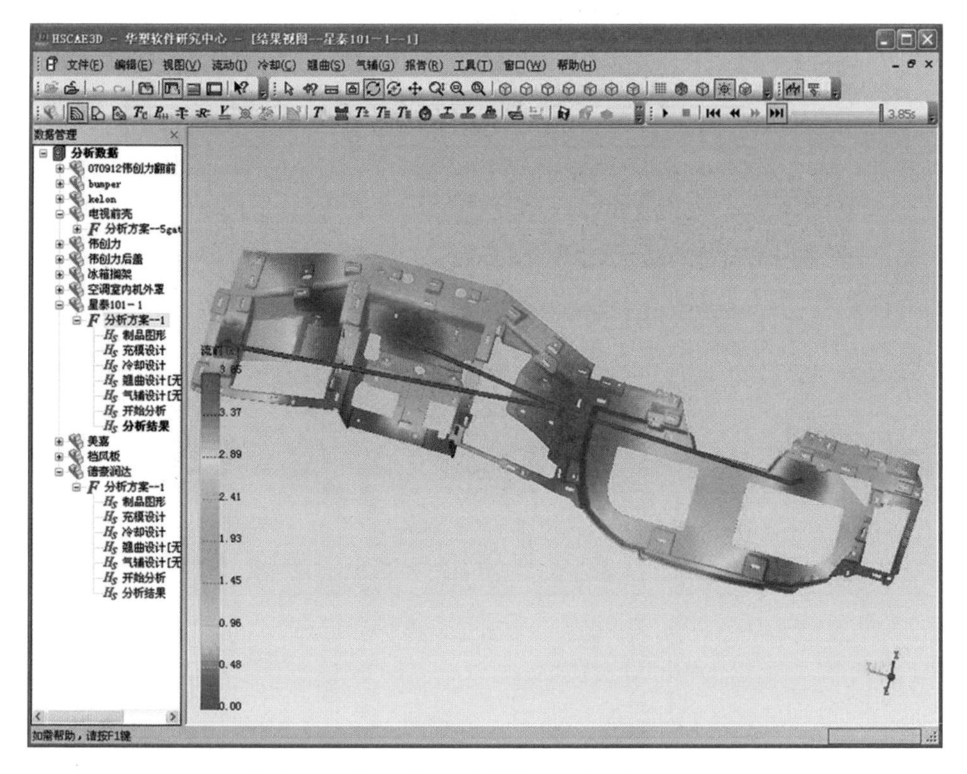

自主研发塑料注射成形仿真系统-华塑CAE

（二）塑料注射成形过程形性调控

智能技术为我国高端注射机制造带来契机，是实现成形工艺与注射机有机融合的新途径。李德群、周华民带领课题组将注射工艺、成形模拟、自动控制和人工智能相结合，建立了塑料注射机混合智能模型，用实例推理代替人的经验、用快速模拟代替人的直觉、用机器学

李德群院士参加国家科学技术奖获奖项目展示

国家科学技术进步奖
证　书
为表彰国家科学技术进步奖获得者，特颁发此证书。
项目名称：塑料注射成形过程仿真系统的开发和应用
奖励等级：二　等
获 奖 者：李 德 群
证书号：2002-J-216-2-07-R01

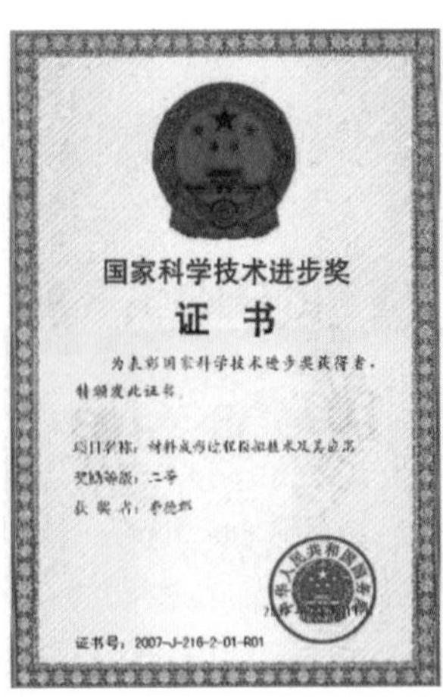
国家科学技术进步奖
证　书
为表彰国家科学技术进步奖获得者，特颁发此证书。
项目名称：材料成形过程模拟技术及其应用
奖励等级：二等
获 奖 者：李德群
证书号：2007-J-216-2-01-R01

国家自然科学奖
证　书
为表彰国家自然科学奖获得者，特颁发此证书。
项目名称：塑料的复合结构、注射成型过程与机械破坏行为的研究
奖励等级：二等
获 奖 者：李德群(华中科技大学)
证书号：2010-Z-109-2-03-R02

塑料注射成形仿真技术获得国家科技奖励

习修正成形缺陷，开发出塑料注射机智能系统。经过多年深化、完善和应用，智能系统已具备初始工艺参数自动设置、制品成形缺陷自动修正、过程工艺参数自动监控等功能，在群达、海尔、科龙、兆威等企业的成形工艺和设备中发挥了重要作用，推动了成形装备向智能化方向发展，获得 2019 年国家科技进步奖二等奖。

李德群院士向中国机械工程学会专家介绍智能注射机

周华民教授与学生讨论光学产品智能成形技术

国家科学技术进步奖

证书

为表彰国家科学技术进步奖获得者，特颁发此证书。

项目名称：塑料注射成形过程形性智能调控技术及装备

奖励等级：二等

获 奖 者：周华民

2019年12月18日

证书号：2019-J-216-2-02-R01

塑料注射成形过程形性智能调控技术及装备获得国家科学技术进步奖

十、CIMS应用示范工程的研发

1991—1995年，华中理工大学和东风汽车公司承担了国家863高技术发展计划“东风汽车公司CIMS应用示范工程”重大项目。除锻压教研室外，我校参与该项目的单位还有机一系机械设计教研室、机械自动化教研室和计算机系软件教研室。该项目的目标是将CIMS（计算机集成制造系统）应用于汽车车身和汽车覆盖件模具的设计制造，建立汽车车身和汽车覆盖件模具CAD/CAPP/CAM系统，以实现汽车车身与模具的集成制造，提高设计制造质量，缩短汽车产品的开发周期。

时任锻压教研室（后改为塑性成形技术研究所）主任的李志刚教授，担任该项目的负责人和863计划总设计师，带领本教研室王耕耘、王义林和董湘怀等师生和校内其他单位的师生共20余人，深入东风汽车公司技术中心和冲模厂调查研究，进行需求分析和系统设计，并在实际设计制造过程中完成集成制造系统的实施，取得了显著成效。

在该项目实施前，东风汽车公司车身开发一直沿用传统基于油泥模型和主图版的设计方法，覆盖件模具设计采用基于主模型和手工绘图的设计方法。整个车身设计和模具设计制造的周期很长，开发一个新车型需要五六年时间，而且还常常发生质量问题。在该项目实施前，东风汽车公司的计算机应用水平较低，设计基本上是采用手工绘图，模具加工则是用常规机床或仿形机床完成，不仅费时费力，质量也得不到保证。我校研究人员和东风汽车公司的技术人员共同努力，经过三年多的时间，终于建立了汽车车身与覆盖件模具 CAD/CAPP/CAM 系统。该系统包括车身 CAD 子系统、模具 CAD 子系统、模具 CAPP 子系统和模具 CAM 子系统，并基于 3D 车身产品模型实现了各子系统的集成。在使用和验证该系统的基础上，又建立了汽车车身与覆盖件模具 CAD/CAE/CAPP/CAM 系统，增加了覆盖件冲压成形的仿真功能，为预测成形缺陷和优化成形工艺提供了有力保障。

该集成系统的建立，彻底改变了车身开发长期沿用的“三主”方式，即采用主图版、主样板和主模型传递设计信息的方式，以三维产品模型为主线，实现了信息的集成。在模具设计和制造中采用 CAD 取代了手工绘图方式，用 CAE/CAPP 实现了冲压工艺的优化和高效设计，模具制造中则应用了全新的数控编程和加工方式。在物理上，实现了技术中心和冲模厂设计部门与加工车间的网络互联，实现了信息的集成，保证了信息流的畅通传递。

CIMS 应用示范工程的成功实施，实现了东风汽车公司在产品开发技术上的巨大跨越，大大缩短了汽车产品的开发周期，开发一个新车型的时间由原来的五六年缩短为一两年。该项目被东风汽车公司领导评价为该公司厂校合作中最成功的项目，也为全国汽车行业树立了一个成功的范例。其后，我校与全国数十家汽车企业开展合作研究，包括国内所有重点汽车企业，在全国产生了广泛影响。

该项科研成果于1997年获机械工业部科技进步奖二等奖，于1998年获国家自然科学基金委员会和美国通用汽车公司颁发的“GM中国科技成就奖一等奖”，并将李志刚教授的名字和获奖项目篆刻在美国通用汽车公司研发中心大厅的大理石墙壁上作为纪念；1999年获美国制造工程师协会（SME）颁发的“大学领先奖”。

东风汽车公司CIMS系统的详细介绍可见《计算机集成制造系统》杂志第2卷第4期专集（1996年12月），其中包括了系统建模、各子系统功能、结构与实现方法、系统集成技术和实际应用效果等内容。

在该项目中，锻压教研室的王耕耘主持汽车覆盖件模具CAD子系统的开发，王义林主持汽车覆盖件冲压工艺CAPP子系统的开发，董湘怀主持汽车覆盖件冲压工艺过程模拟（CAE）子系统的开发，李尚健指导了与该项目有关的多名研究生，为该项目取得成功做出了重要贡献。

课题组部分教师合影

左起：董湘怀（1）、王耕耘（2）、李志刚（6）

王耕耘和王义林在东风汽车公司冲模厂计算机房工作

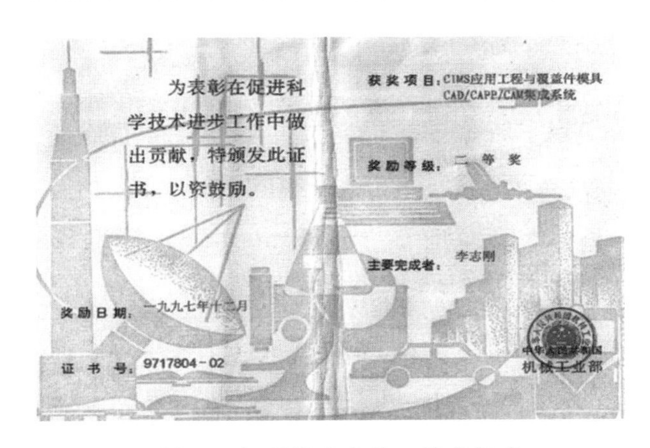

为表彰在促进科学技术进步工作中做出贡献，特颁发此证书，以资鼓励。

获奖项目：CIMS应用工程与覆盖件模具CAD/CAPP/CAM集成系统

奖励等级：二等奖

主要完成者：李志刚

奖励日期：一九九七年十二月

证书号：9717804－02

中华人民共和国机械工业部

机械工业部科技进步奖二等奖证书

GM 中国科技成就奖

1998年

获奖者：李志刚
奖励等级：一等奖
所在单位：华中理工大学

GM中国科技成就奖评选委员会
主任：

1998年11月

GM China Science & Technology Achievement Award

for the year 1996

Kettering Outstanding Achievement Award

is presented to

for his outstanding achievements in scientific and technological research in support of development of Chinese science and technology, and automotive industry.

GM 中国科技成就奖一等奖证书

美国制造工程师协会（SME）大学领先奖证书

十一、走国际化与产业化之路，促进科研成果转化应用

20世纪80年代，教研室围绕单冲模、复合模取得的一系列CAD技术研究成果，为此后90年代开展级进模CAD/CAM技术的研发与攻关奠定了良好基础。在机械电子工业部的支持下，从1989年开始，冲模CAD课题组在肖祥芷、李志刚的领导下，先后与成都715厂、镇江接插件总厂围绕引线框架、接插件等级进模的设计与制造开展CAD/CAM技术攻关。90年代中期，在武汉市计划委员会的支持下，与武汉无线电器材厂联合开展了电子器件的级进模CAD/CAM技术的攻关。1993—1996年，肖祥芷带领团队与新加坡国立GINTIC技术研究所开展了国际合作。通过这些项目合作，在级进模CAD/CAM技术方面积累了一批成果，其中成果“HMCAD级进模CAD/CAM集成系统”于1999年获得教育部科技进步奖二等奖。与此同时，在级进模CAD/CAM技术研发方面所取得的成果，受到国际著名的CAD/CAM技术公司——美国UGS（现为西门子-PLM）的关注，UGS公司于2000年与冲模CAD课题组正式签订了合作协议，由李建军教授具体负责合作项目的研发。2001年6月，通过双方的合作，在UGS平台上开发出全球

领先的基于知识的三维级进模 CAD/CAM 系统——Progressive Die Wizard。此后双方的合作一直持续到 2010 年，所开发的 Progressive Die Wizard 系统功能不断完善、性能不断提高，成为 UGS 系统上一个重要的模具设计专用功能模块，在全球市场上销售数千套。与国际著名公司的合作使科研成果走向了国际市场，获得广泛应用。

2016 年李建军访问西门子公司美国 NX 总部

左起：李建军、李志、胡俊翘、刘升明、温建勇

为表彰在促进科学技术进步工作中做出重大贡献，特颁发此证书。

获奖项目：HMCAD级进模CAD/CAM集成系统

获 奖 者：李建军（第1完成人）

奖励等级：二 等

奖励日期：2000年1月

证 书 号：99-062

二〇〇〇年一月二十日

教育部科技进步奖二等奖证书

2000 年后，在 CAD/CAM 技术研究成果基础上，为了进一步拓展研究方向，由李建军带领团队开展了模具企业信息化管理技术的研究与开发工作。针对模具的单件多品种生产特性，以及生产过程动态多变难以管控的难题，研发了模具生产过程的动态优化调度技术，成功开发出模具生产管理系统 eMan。2005 年，这一成果在一汽模具、宁波双林、顺德科尔等模具企业推广应用，取得良好的应用效果。但是，随着应用需求的不断扩大，已有的研究团队已难以满足工程化应用所带来的快速响应和快速定制的要求，必须走向产业化。为此，实验室鼓励支持一批已毕业和即将毕业的博士、硕士研究生自主创业，于 2006 年成立武汉益模科技股份公司，围绕模具企业的信息化管理技术开展产业化技术研发和服务，使取得的研究成果得到不断丰富和完善，应用水平不断提高，促进了研究成果快速走向市场。推广应用取得显著效果，于 2007 年获得教育部科技进步奖二等奖。目前，通过益模科技股份公司的产业化推广和技术发展，相关研究成果已在 400 余家企业获得应用，取得了显著的经济效益和社会效益。武汉益模科技股份公司也发展成为集信息化、自动化、智能化技术为一体的模具行业数字化技术解决方案的领先供应商。

益模研发的一汽模具自动线运行启动会

易平（右二）、李建军（右四）

实验室在20世纪80年代开始塑性成形模拟理论与方法研究，2000年以后，在柳玉起教授的带领下，通过国际化合作（与西门子-PLM）与产业化推广，开发出具有自主知识产权的板料成形过程模拟软件FASTAMP，为冲压模优化设计提供了技术支撑。该软件已在全国100余家企业应用，成为国内最具影响力的板料成形模拟软件。

通过上述的国际化合作、产业化推广，实验室的研究成果在模具行业中获得广泛的应用，取得了丰硕的成果。“基于知识的模具设计、制造与管理技术及应用”获得2010年湖北省科技进步奖一等奖，“大型复杂精密冲压模具优化设计制造关键技术及其应用”获得2013年中国机械工业科学技术奖一等奖，为我国模具工业的技术进步做出了贡献。

王华昌主持研发注塑模具智能CAD系统

为表彰在促进科学技术进步工作中做出重大贡献，特颁发此证书。

获奖项目：模具生产过程的动态优化调度技术及其应用
获 奖 者：李建军（第1完成人）
奖励等级：科学技术进步奖二等奖
奖励日期：2008年01月
证 书 号：2007-239
二〇〇八年一月二十五日

科学技术奖励证书
项目名称：基于知识的模具设计、制造与管理技术及应用
奖励类别：科技进步奖
奖励等级：壹等奖
获 奖 人：李建军
证书编号：2010J-230-1-037-009-R01
二〇一〇年十二月

中国机械工业科学技术奖
为表彰在机械工业科学技术进步中做出突出贡献的工作者，特颁发此证书，以资鼓励。
证书编号：R1307054-01
获奖项目：大型复杂精密冲压模具优化设计制造关键技术及其应用
奖励等级：一等奖
获 奖 者：李建军

部分获奖证书

十二、板料成形模拟软件 FASTAMP

（一） FASTAMP 的研发与应用

柳玉起教授 2002 年加入塑性成形模拟及模具技术国家重点实验室，开始研究板料成形模拟理论，开发板料成形模拟软件。由柳玉起、杜亭和章志兵组成的核心团队，成功研发了 FASTAMP 板料成形模拟软件。

2003 年 8 月，开发了有限元逆算法求解器，提出了改进的全量本构理论，提高了逆算法模拟精度，可以精确展开毛坯尺寸，准确快速展开翻边修边线尺寸，在国内的主要汽车主机厂和汽车模具公司广泛应用。

2004 年 3 月，与美国 ETA 公司完成了 DYNAFORM 与 FASTAMP 软件源码交换合同，得到当时国际先进水平的有限元前后处理系统，在此基础上开发了完全自主知识产权的板料成形模拟软件 FASTAMP3. 2。

2006 年 1 月，开发了板料成形动力显式增量法求解器和回弹隐式求解器，提出板料成形工艺参数精细化模型和四边形单元自适应加密算法，成形模拟精度比同类算法 LS-DYNA 快 2～4 倍。

2009 年 1 月，与美国 ETA 公司完成了软件源代码买卖和交换协议，成立了金属板料成形模拟有限元求解器联合开发实验室。FASTAMP 研发团队获得了四边形拓扑网格剖分器全部源代码和知识产权，到 2023 年这套四边形拓扑网格剖分器依然处于国际先进水平，网格剖分质量、速度和兼容性与国际著名的 HyperMesh 为同等水平。

2012 年 12 月，开发板料成形全工序模拟动力显式增量法求解器，提出一种二分式自适应加密技术，再一次大幅度提高成形模拟速度，获得了专利，这是大型汽车覆盖件成形模拟最核心专利。提出了模具网格全自动剖分和自动弹性接触处理方法，提高了成形模拟稳定性，解决了动力显式算法的一个致命缺陷。

2016 年 12 月，提出了一种动力显式板料成形模拟算法的动力效应控制方法，解决了动力显式算法的另一个致命缺陷。

2019 年 8 月，与西门子工业软件签定了板料成形模拟软件 OEM 合作协议，FASTAMP 团队在西门子 NX 平台开发板料成形模拟软件 NX Forming，2021 年西门子开始在全球推广销售 FASTAMP 软件。

2021 年 8 月，开发了弯管成形模拟求解器，2022 年 6 月，开发了橡皮囊液压成形模拟求解器和蒙皮拉伸成形求解器，为中国飞机和军工企业发展做出了贡献。

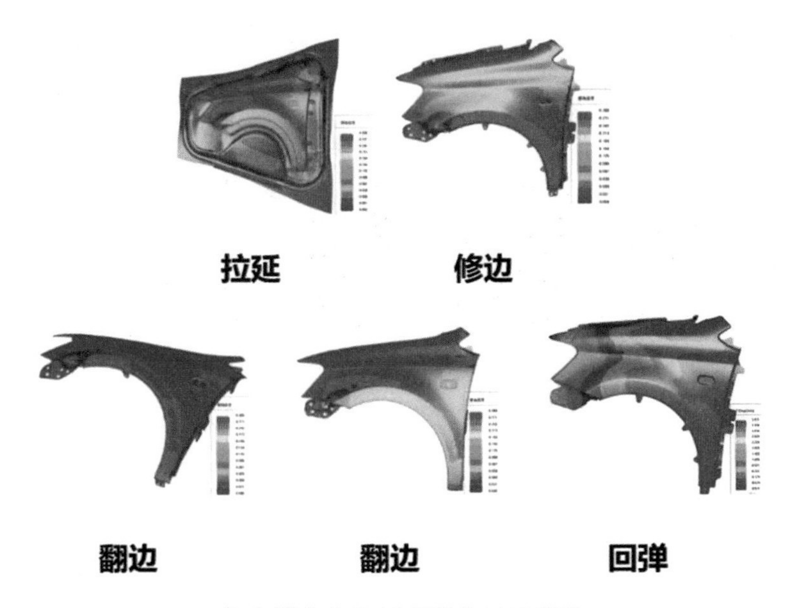

汽车覆盖件冲压成形全工序模拟

FASTAMP 软件已经在国内汽车、模具、航空航天、家电、3C 行业推广销售给了 150 多家客户，授权个数超过 1000 个，包括上汽大众、上汽通用、上汽泛亚、东风日产、广汽本田、奇瑞、江淮汽车、一汽模具、东风模具、瑞鹄模具、上海赛科利、美的集团、海尔模具、中国商飞、成都飞机、航天三院等国内知名企业。

柳玉起（左 5）与研究生合影

杜亭（右）向用户介绍 FASTAMP

章志兵（中）率队参加上海模展

（二）知识驱动的模具设计与成形模拟方法

由于模具是单件产品，传统以海量样本点为基础的神经网络、遗传算法、深度学习算法等方法无法解决模具设计和成形模拟的智能化问题。板料成形模拟团队通过理论研究和实际工程应用不断探索面向模具设计和成形模拟的人工智能方法。

2015 年提出了智能化模板模具设计方法，为上汽大众开发了交互式汽车模具设计系统，设计效率提高 10 倍左右，解决了模具设计频繁设变难题。

2018 年提出了钣金特征识别和设计规则驱动的智能化模板方法，为美的集团定制化开发了家电模具智能化设计系统，复杂家电模具设计时间从 50 人天减少到 2 小时，是一种革命性模具设计方法。

2020 年提出了模具设计智能化图书馆方法，为知识驱动设计奠定理论基础，为美的集团开发了钣金模具智能化图书馆。提出了钣金成形工艺特征识别方法、成形工艺相似度匹配方法，实现了钣金模具设计制造全流程数据和知识的管理。2021 年为格力集团开发了比较通用的连续模和多工位冲压模具智能化设计系统。

2021 年提出了知识驱动的模具设计方法，为东风日产乘用车有限公司开发了知识驱动的汽车覆盖件模面设计系统和冲压成形模拟系统，成为模具竞赛（国赛）的指定用软件。

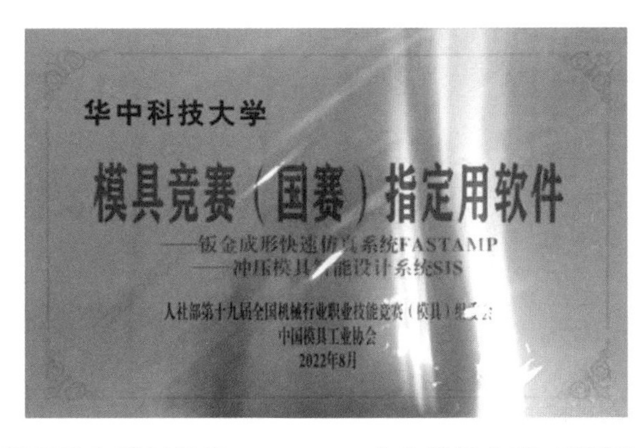

知识驱动的模具设计和模拟软件 FASTAMP 成为模具竞赛（国赛）的指定用软件

2022 年提出了知识驱动的成形模拟方法，为上海飞机制造有限公司开发了知识驱动的橡皮囊成形模拟系统。解决了传统成形模拟软件培训周期长、软件应用模拟结果差异大的难题，实现了一般工艺设计人员不熟悉成形模拟软件操作也可以很好地完成成形模拟的愿望。

FASTAMP 研发团队的研究成果先后获得省部级科技进步奖一等奖 4 项、国家科技进步奖二等奖 1 项、板料成形模拟核心技术发明专利 2 项、板料成形模拟软件著作权 25 项。

国家科学技术进步奖
证 书

科学技术奖励证书

项目名称：材料成形过程模拟技术及其应用

奖励类别：科技进步奖

获奖等级：壹等奖

获 奖 人：柳玉起

奖证编号：2006J-227-1-029-010-R03

二〇〇六年十二月

板料成形模拟获奖证书

发明专利证书

发明专利证书

板料成形模拟发明专利证书

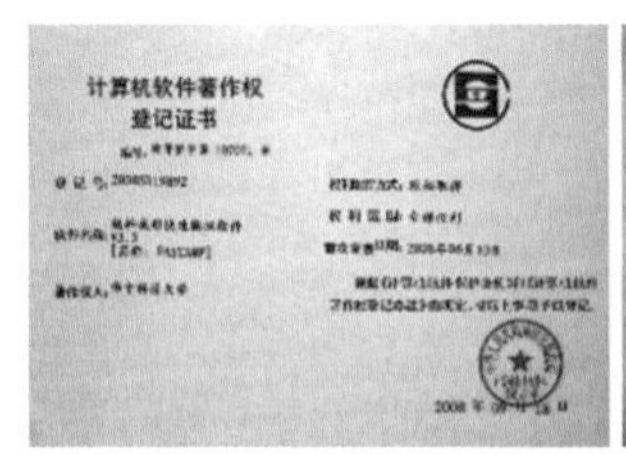
计算机软件著作权
登记证书

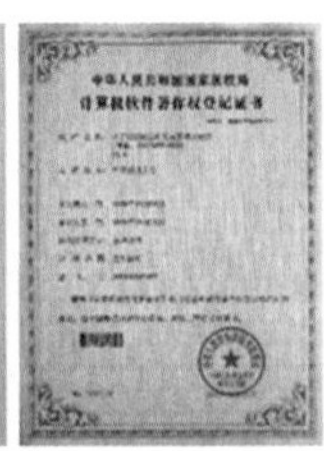

板料成形模拟软件 FASTAMP 著作权证书

十三、锻压设备设计理论研究

在螺旋压力机驱动理论、快速、节能等方面取得了较大进展，双电机驱动 4000 kN 摩擦压力机于 1989 年获湖北省科技进步奖一等奖。ZA81-63 型多工位自动压力机于 1984 年获湖北省科技成果奖三等奖。

采用现代设计理论和方法，厂校合作研制了一批新的锻压设备。

（1）1971—1974 年，与武汉汽车制造厂合作，研制了一台 1600 吨双盘摩擦压力机，解决了该厂汽车大型模锻件生产问题，为国内首创。研制人员：骆际焕、何永标、刘协舫、蔡文斌工程师、张大方等。该机器的特点是：采用了新材料轴承、象鼻式滑块和平衡气缸。

（2）20 世纪 80 年代，采用高传动效率的副螺杆驱动技术，研制了气液螺旋压力机，为国内首创。1982 年获国家实用新型专利，获国家技术发明奖。研制人员：黄树槐、何永标、骆际焕、陈国清、阮绍骏、吕言、赵松林、刘斌波。

（3）20 世纪 80 年代，与汉阳锻压设备厂合作，研制了 1000 吨大台面单、双动板料冲压液压机。1988 年，YC28-630/1030 双动薄板拉伸液压机，由武汉市机械工业委员会组织专家鉴定。研制人员：黄树槐、蒋希贤、骆际焕、李永昌厂长和厂设计组。

（4）20 世纪 80 年代初，与湖北锻压机床厂合作，研制出 J72-63 型开式多工位压力机，用于沙市热水瓶厂铝制品件冲压生产。研制人员：陈国清、骆际焕、邱文婷、戴怀志厂长、黄正定工程师。

（5）20 世纪 80 年代中期，与鄂州锻压机床厂合作，研制出双电机驱动 4000 kN、16000 kN 摩擦压力机。研制人员：蒋希贤、陈国清、王采兴（工厂）。与辽阳锻压机床厂合作，研制出双电机驱动 6300 kN 摩擦压力机。研制人员：蒋希贤、陈国清、侯总工（工厂）。

（6）1990—1991 年，与鄂城重型机器厂合作，研制出一台 2500 kN 快速冲压液压机，用于冲压冰箱压缩机外壳件，为国内首创。

研制人员：王运赣、骆际焕、陈国清、李季、王紫薇、戴望保、游工程师（工厂）。1995 年，李季、骆际焕发表了论文《快速液压机的研制》。

（7）1990—1992 年，与鄂城重型机器厂合作，研制出一台 300 吨液压棒料折断机和一台 160 吨液压钢管缩口机，为国内首创，获得两项实用新型专利。这两台设备是大冶钢厂引进德国西马格公司直径 170 mm 无缝钢管热轧生产线中的配套设备。研制人员：陈国清、骆际焕、邱文婷、戴万宝、李季、游工程师（工厂）。

（8）1991—1993 年，与宜昌机床厂合作，研制出一台 800 吨液压打包机，用于废旧钣金件的打包回收，填补了国内大型打包机的空白。研制人员：黄树槐、骆际焕、陈国清、沈其文、李季、尹自荣、戴望保。

YC28-630/1030 双动薄板拉伸液压机

63 吨气液螺旋压力机样机

J72-63 型开式多工位压力机

左起：戴怀志厂长（1）、邱文婷（2）、陈国清（3）、黄正定工程师（5）、陆向东工程师（6）、骆际焕（7）

十四、黄石制冷设备厂冲压生产线研制

1988 年，锻压教研室与黄石制冷设备厂签订合作研制“冰箱压缩机外壳体冲压生产线设备和工艺模具的设计制造”项目，王运赣为总负责人，文幼祥总工程师为厂方负责人，厂方投资人民币 500 万元，这是锻压教研室历年来承担的最大项目。工程内容包括：3 台 250 吨冲压液压机，用于冰箱压缩机上、下外壳体冲压成形；1 台多工位压力机，用于压缩机外壳体冲孔；1 台压缩机外壳体旋压、修边机；1 台开卷校平机和 1 套板料送进机构；压缩机外壳体的冲压工艺编制及一整套模具（落料模、一次成型模、二次成型模、切边模、冲孔模等）。

由于项目工程量大，锻压教研室设备组和工艺组大部分人员参与，主要有：黄树槐、肖景容、王运赣、陈国清、骆际焕、李尚健、严泰、邱文婷、陈志明、李爱珍、李季、肖跃加、王紫薇、尹自荣、陈柏金、戴望保、刘斌波、余晓武等。项目施工由骆际焕、陈国清负责。协作单位有：鄂城重型机器厂，负责加工制造 3 台 250 吨冲压液压机、多工位液压冲孔机、开卷校平机；华中科技大学电子设备厂，负责制造、

原黄石制冷设备厂

调试液压机的单片机控制系统以及生产线的联线控制；湖北锻压机床厂，负责制造下壳体旋压机、修边机；汉口中原无线电元件厂，负责设计制造冲压压缩机外壳体的落料模、成型模、切边模及冲孔模的制造。

项目启动后，部分研制人员先后到天津、广州冰箱压缩机厂参观调研，搜集有关设计资料。

部分研制人员合影

右起第一排：戴望保（1）、李爱珍（2）、陈柏金（4）

右起第二排：肖跃加（1）、骆际焕（2）、陈国清（3）

1989年，250吨冲压液压机方案设计完成后，在鄂城重型机器厂召开设计方案讨论会，设计人员向厂方领导及专家组详细介绍了该液压机、多工位冲孔机及旋压机的结构、性能和特点。时任华中理工大学校长黄树槐参加方案论证评估，方案论证评估通过后，由协作厂工程师进行施工设计，完成全部施工图纸，然后加工制造。这一年其他机器和模具也都完成了设计，并进入加工制造阶段。

1990年第一台250吨冲压液压机装配完成后，由厂校有关人员联合调试成功，达到可以安装模具进行试冲压零件阶段，发送至黄石制冷设备厂。开卷校平机、多工位冲压机、旋压机也制造完成。1991年，因企业改制项目中断。

1994年，张祥林、骆际焕发表论文《锥阀液压系统原理图的智能设计》。

1995年，李季、骆际焕发表论文《快速液压机的研制》。

1995年，李季、戴望保、骆际焕发表论文《大功率斜轴式柱塞泵压力补偿变量机构的设计》。

十五、高强钢热冲压成形工艺及装备的研究与应用(2009—2022年)

轻量化技术是实现汽车节能减排的关键技术之一，高强钢热冲压成形技术在保证汽车安全性的同时能较大幅度实现轻量化。热冲压成形条件下材料塑性和成形性好，成形载荷大幅下降，能一次成形复杂冲压件并消除回弹影响，提高零件精度。

为实现上述目标，2011年10月，成功开发首套基于数字机械伺服压力机和高效箱式加热炉的试模生产线（张宜生，王义林，朱彬），然后于2014年和2016年，在东莞建成6000 kN和8000 kN数字机械伺服热冲压生产线各1条，2017年在江西建成2条8000 kN数字机械伺服热冲压生产线（张宜生）。

研究成果用于高强钢热冲压汽车零部件，如一体化拼焊门环、B柱加强板、A柱加强板、A柱下加强板、门槛、门内防撞梁、前后防撞梁、纵梁、中通道加强板等的生产工艺开发。热冲压零件相比冷冲压零件减重20%～40%，生产节拍控制在15～20 s，具有生产效率高、零部件集成度高等优点。

自主研发的产业化热冲压成形示范生产线（江西修水）

2018年承担国家数控重大专项课题“基于国产机械伺服压力机及多层箱式加热炉的热冲压成形示范生产线”（04专项，张宜生，王义林，朱彬，等），突破了热成形机械伺服压力机的单电机驱动和重载传动系统、多层箱式加热炉智能控温、多维机械手快速输送系统、变强度高强钢热冲压成形工艺与模具、高强铝合金热冲压成形工艺与时效等系列关键技术，在基于工业4.0的在线监控技术和生产工艺智能技术上取得国内外领先的应用成果。已申请受理专利29项，其中发明专利8项；获得授权专利27项，其中发明专利6项；制定技术标准7项，其中行业标准2项，企业标准5项；发表相关论文24篇。该项目于2022年6月通过国家验收。

此后，将高强钢/高强铝合金材料组织-成形工艺仿真分析技术、热冲压零件服役性能评价技术、模具开发技术、全尺寸零部件试制能力等方面的研究成果，应用于国家自然科学基金/联合基金项目“汽车用

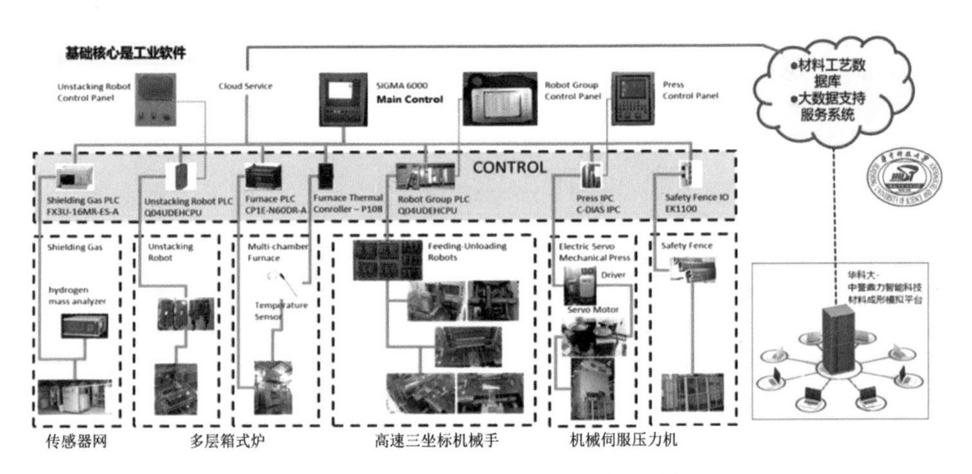

基于工业互联网的生产线控制系统

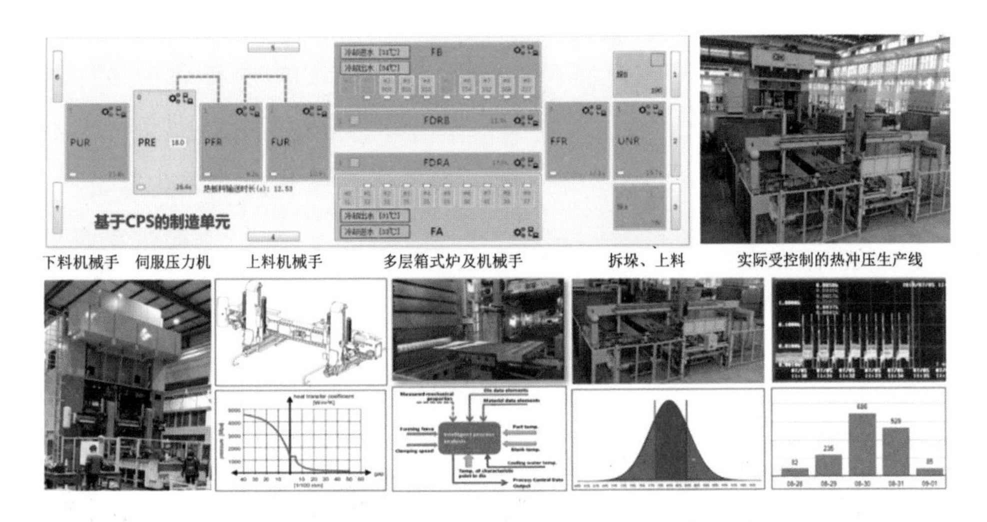

首套基于工业互联网的热冲压生产线监控系统

超高强度钢热冲压成形组织强韧性机理与调控”、国家自然科学基金/联合基金项目“Al元素对新一代高强高韧汽车用钢的作用机制”、国家自然科学基金/青年科学基金项目“基于中断淬火-碳配分-临界区退火的中锰钢热冲压成形组织演变及增强增韧机理研究”中，为材料模型建立、材料性能预测、材料组织调控提供了技术手段。

高强钢/高强铝合金热冲压成形汽车零部件材料与成形的基金和04专项研发成果，已用于高强钢热冲压零部件的开发及生产。在江西豪斯特汽车零部件有限公司，已建立热冲压汽车零部件示范生产基地，示范生产线具备年产100万件的生产能力，示范生产基地具备年产400万件的生产能力，所生产的B柱加强板、A柱加强板、纵梁、门内防撞梁、门槛加强板等白车身零件，已在广汽、长安、吉利等车型上批量装车应用。依托本课题高强钢热冲压成形汽车零部件研究成果和关键技术，江西豪斯特汽车零部件有限公司于2020年实现1.7亿元的营业收入，其产品支撑了数十种国产品牌车60万辆的生产，为提升国产品牌汽车的市场竞争力做出了一定的贡献。

从2019年起，开展了基于多部件集成（MPI）的拼焊板热冲压成形技术与应用研究，重点攻克乘用车门环、双门环和后尾梁的多部件集成热冲压，获得实际应用。2021年有4种车型的门环获得量产，2022年底开发双门环和H后尾梁获得成功，2023年一季度在江西豪斯特和安徽豪斯特转入量产，该项新技术开发的产品达到了国内领先水平。

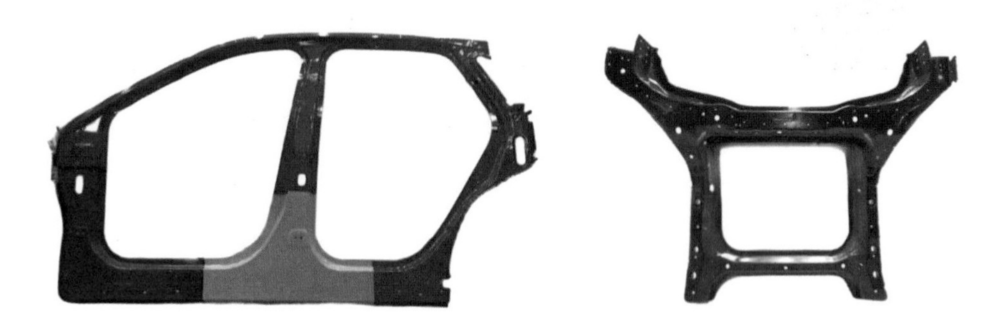

多部件集成热冲压双门环（左）和H后尾梁（右）实物照片

十六、锻压机械自动控制技术研发

20 世纪 60 年代初，华中工学院锻压教研室在国内率先开始进行锻压机械自动控制技术研发，研发项目可分为 4 部分：①锻造液压机锻件尺寸自动测量与控制研发（20 世纪 60 年代）；② 锻压机械计算机数控系统研发（20 世纪 70—90 年代）；③ 数控快速锻造液压机与操作机 CNC 技术大提高与大推广（20 世纪 90 年代至今）；④ 数控电动螺旋压力机与数控自由锻锤的研发（20 世纪 80 年代初至今）。

其中，锻造液压机锻件尺寸自动测量与控制，是在郭芷荣的指导下，1963 年由锻压教研室青年教师肖振球、王运赣、骆际焕和几名学生组成研发队伍，用放射性同位素和盖缪计数管作为液压机动梁位移检测器，适时获得锻件尺寸信号并予以控制。在当时检测器件稀缺的年代，上述放射线检测方法属国内首创。首先在实验室 100 吨水压机上，成功地实现了水压机锻件尺寸模拟测量，然后于 1965 年应用于富拉尔基第一重型机器厂的万吨自由锻造水压机，测量系统不断检测水压机活动横梁的位置，当下行压制锻件至预定高度时，测量系统发出信号，水压机活动横梁向上回程。这个系统能取代繁重的手工测量工作，成为当时我国第一套水压机锻件尺寸自动测量与控制系统。随后，水压机锻件尺寸自动测量与控制的模型在北京高教展览会展出，获得一致好评。

锻压机械计算机数控系统研发，是在黄树槐的指导下开展的，研发人员有：锻压教研室田亚梅、陈衬煌、王紫薇、段春玲、熊晓红、陈宝萍、王峣、王运赣、骆际焕、金涤尘、周来英、张宜生、阮绍骏、吕言、尹自荣、戴望保、郝麦海，电工学等教研室邓星钟、赖寿宏、李升浩和陈锦江，电子设备厂吴鸿修等。此部分研发的显著进步是，由模拟量自动控制进展到计算机数字控制，主要项目是快速锻造液压机与操作机的联动数控、板材柔性折弯单元数控。

1978 年，研制了 100 吨快速锻造液压机和联动 100 公斤双动有轨全液压操作机，在实验室条件下，用晶体管分立控制元件，在我国首次实现了快速锻造液压机与操作机的联动数字控制，鉴定证实自由锻件精度达到 ± 1 mm，夹钳旋转角度精度达到 1°～2°，在高达 80～100 次/分锻造频率下，液压机与操作机能平稳可靠联动运行。

数控快速锻造液压机组演示

黄树槐（右 1）、郭芷荣（左 2）

随后，采用朱九思校长从日本新购买的摩托罗拉单板计算机，大大改进了上述机组的数控系统，使科研组成员开始认识了计算机，成功研发了一台快锻水压机组微机控制系统，用一套小巧的单板机取代了四个一人高的数控柜，性能更好、更可靠，从而迈出了计算机数控快锻事业第一步。80 年代中期，与兰州石油化工机械厂和西安重型机械研究所合作，经过几年努力，研制了我国第一台 800 吨数控快锻液压机组。从夹持锻件到粗锻和精锻全过程中，操作工只需输入参数和操作指令，实现了锻件尺寸计算机控制，大大减轻了工人的劳动强度，提高了锻件的精度和生产效率，为快锻液压机计算机控制系统的商品化打下了坚实基础。计算机控制的 800 吨快速锻造液压机组成为兰州石油化工机械厂的一种拳头产品。

李从心在攻读博士学位和留校工作期间，研制了模糊控制液压控制系统，在黄树槐教授、田亚梅教授指导下，与兰州石油化工机械厂合作，完成了 8MN 数控快速锻造液压机组在大冶钢厂的首次实际生产应用，取得满意效果，该项目于 1997 年 12 月获得国家科技进步奖二等奖。

科技進步獎

證書

为表彰在促进科学技术进步工作中做出重大贡献者，特颁发国家科技进步奖证书，以资鼓励。

获奖项目：8MN快速锻造液压机组

获奖者：李从心

奖励等级：二等奖

奖励日期：一九九七年十二月

证书号：05-2-004-06

中华人民共和国
国家科学技术委员会主任 宋健

8MN 快速锻造液压机组获奖证书

RD-W67K-125/3000 型板材折弯柔性加工单元（FMC）是国家七五重点科技攻关项目，该单元采用 4 级分布式计算机控制系统和交流伺服驱动电机，是当时我国板材折弯机械中的最新产品，是我国第一个板材折弯柔性加工单元，由华中理工大学锻压教研室、电子设备厂和黄石锻压机床厂于 20 世纪 90 年代合作研制，由王运赣教授主管。板材折弯柔性加工单元包含：RD-W67K-125/3000 型 4 轴数控折弯机、1 轴数控送料工作台、4 轴数控吸盘式机械手和 1 轴伺服托料架。这些装置在主计算机控制下连成一体，能完成自动取料、上料定位、折弯和卸料等工序，实现板材折弯加工的柔性化。单元采用 4 级分布式计算机控制系统。在项目参与人员的共同努力下，板材折弯柔性加工单元顺利完成，通过了鉴定验收。在鉴定会上，与会专家和主持鉴定的机械电子工业部有关领导给予了很高的评价。随后，在兰州举行的机械电子工业部七五重点科技攻关项目总结会上，机床工具司的司长对板材折弯柔性加工单元给予了高度评价，而且特别请参加会议的王运赣教授坐在主席台上，还对与会代表大声说：“以后凡是有锻压机械数控的项目都交给华中理工大学干！”

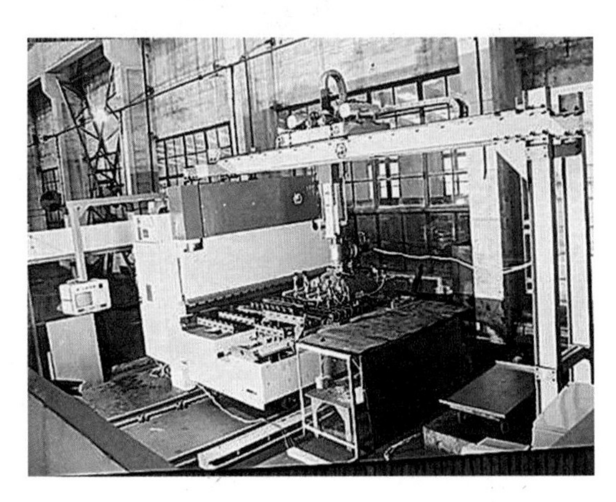

板材折弯柔性加工单元

数控快速锻造液压机与操作机CNC技术大提高与大推广是在黄树槐的指导下完成的，研发人员有田亚梅、李从心、陈柏金、陈衬煌、熊晓红、王紫薇、王运赣和韩明等。20世纪90年代，华中理工大学与兰州石油化工机械厂、西安重型机械研究所合作，开展高档CNC锻造液压机研究与制造，承担了许多有关大型工程项目，推出了具有国际水平的成套产品，提出了以工控机为平台的、由自行开发的智能控制模板作为执行级的ISA（Industry Standard Architecture）总线三级分布式控制模式，并形成了商品。分布式控制系统与集中式系统相比，易于实现硬件和软件的模块化，各级软件的编制和调试可以并行进行，级间只存在通信的联络，大大减少了控制连接电缆的数量和长度，工作可靠性高，易于掌握和维修，因此成为锻造液压机组控制系统的发展方向。快锻液压机组计算机控制系统先后在8MN、16MN、20MN、

35MN、45MN 锻造液压机组成套产品，以及进口 10MN、20MN、25MN 快锻液压机组技术改造中得到成功应用。

生产火车轴的 8MN 数控快锻液压机组

生产钛合金的 16MN 数控快锻液压机组

陈柏金教授（右二）现场指导快锻设备

45MN 镦粗数控快锻液压机组

35MN 节能型数控快锻液压机组

数控电动螺旋压力机与数控自由锻锤的研发，由黄树槐教授指导，研发人员有蒋希贤、卢怀亮、陈柏金、熊晓红、冯仪。20 世纪 80 年代初，锻压教研室研发了第一代电动螺旋压力机样机，2003 年研发第二代电动螺旋压力机样机。2009 年，以校办新威奇公司生产的 J58K-1000 型数控电动螺旋压力机（公称压力 10MN）为核心，构成的第一条国产全自动化精锻齿轮生产线在青岛客户现场正式投产，2010 年、2011 年又相继投产了第二条、第三条生产线。

数控电动螺旋压力机

熊晓红与新威奇压力机在锻造技术国际展览会上

2010年，研发出国产首台J58K-2500型数控电动螺旋压力机（公称压力25MN）。2014年，研发出国产首台J58K-4000型数控电动螺旋压力机（公称压力40MN），获得国家重点新产品证书。2016年，率先研发出第三代国产电动螺旋压力机，推出J58ZK型伺服直驱式数控电动螺旋压力机，至今已完成公称压力为1.6MN～25MN系列共12种型号产品的研制和商品化推广，技术达到国际先进水平。

2020年8月，首创国内外第一台数控自由锻锤，实现自由锻锤与锻造操作机联动控制，将操作人员从繁重、危险、高温、高噪声环境中解救出来，实现自由锻锤生产的手动、半自动、自动操作。只需一人，可方便地实现轻锤、重锤、急停等工况和打击能量任意控制，锻打频次快，生产效率高，运行成本低。下图是安装在江苏中聚信海洋工程装备有限公司的8吨数控自由锻锤。

8吨数控自由锻锤

十七、ZA81-63型多工位自动冲压压力机及工艺装置研发

1976—1979年，华中工学院锻压教研室与沙市热水瓶厂和沙市第一轻工机械厂联合研制出ZA81-63型多工位自动冲压压力机及工艺装置。

在该机研制以前，沙市热水瓶厂生产热水瓶壳底件需要在四台不同类型的冲床和专用机器上分散进行，工人不得不采取脚踏、手送、眼瞄准的落后生产方式进行生产，送料时稍不注意就会被切掉手指，因此老式冲床有“老虎口”之称。1976 年，应沙市热水瓶厂的邀请，肖景容教授带领周士能、骆际焕来到该厂，调查情况、分析问题。经与厂领导商定，派该厂陆向东技术员和学校骆际焕老师到国内有关工厂调研冲压生产情况，他们先后到上海热水瓶厂和洛阳轴承厂等单位，学习多工位自动冲压压力机的先进经验，然后决定研制一台 63 吨多工位自动冲压压力机，用于冲压热水瓶外壳肩、盖、底三大件。该项目由骆际焕和赵松林负责压力机设计，由周士能和陆向东负责冲压工艺编制和模具设计，由沙市第一轻工机械厂负责制造压力机，由沙市热水瓶厂负责模具制造。

压力机吨位为 63 吨，滑块行程为 220 mm，工位距为 221 mm，工位数为 6 个，滑块行程频率为 32 次/分，具有吨位小、行程和工位距大等特点。该机采用了气动摩擦离合器和制动器，便于实现机器寸动操作，调模试冲；采用当时国外较先进的行星齿轮机构带动的夹板式毛坯送料装置、滚筒式带料单/双排样送进装置和圆片料自动送料装置，实现了冲压生产自动化。

该压力机研制成功后，在沙市热水瓶厂进行了几个月的冲压生产，已生产热水瓶壳底 50 万件以上，不但杜绝了多年来冲压生产中发生的断手指事故，而且使生产费用和废品率均下降了 1%左右，操作工人由 6 人减为 2 人，占地面积由 52 平方米下降到 23 平方米，电机功率由 15.4 千瓦减小到 10.6 千瓦，具有明显的经济效益。

1982 年，由轻工业部委托湖北省第一轻工业局组织专家鉴定，认为机器设计先进，结构合理，运行平稳，动作协调，操作灵活，能自动送料、自动冲压、自动检测生产故障并自动停车，从根本上解决了冲压生产的安全问题。这样的自动化是热水瓶行业冲压生产的发展方向。

ZA81-63 型多工位自动冲压压力机及工艺装置

多工位压力机上的滚筋装置，结构新颖，运行可靠，实现了在同一台机器上冲裁、拉延、滚筋等多工序组合生产，简化了工艺流程，为多工位压力机生产开辟了新的途径，系国内首创，国外也未发现先例。

这台多工位自动压力机的成功研制，填补了我国此类型多工位压力机的空白，除适合热水瓶生产行业应用之外，还可以向铝制品、灯具等轻工行业推广应用。

该压力机 1983 年获沙市市科学技术成果奖二等奖，1984 年获湖北省科学技术成果奖三等奖，1985 年获国家教委优秀科技成果奖。1984 年，骆际焕、赵松林、陆向东发表论文《ZA81-63 型多工位自动压力机及其工艺装置》。

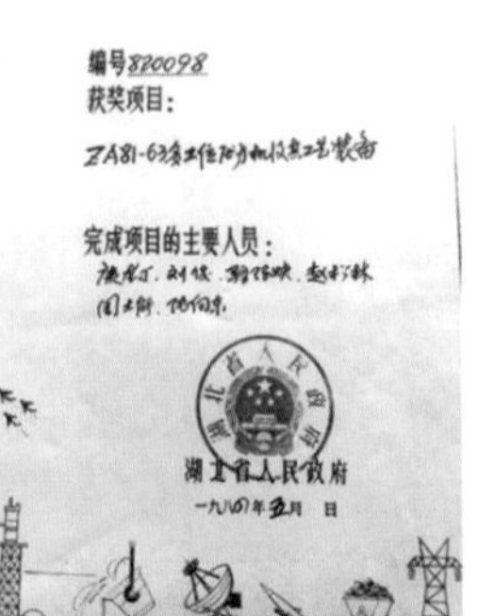

编号880098

获奖项目：

ZA81-63多工位压力机及其工艺装备

完成项目的主要人员：

湖北省人民政府

一九八四年五月　日

奖　状

华中工学院：

你们在科学研究工作中，成绩优异，特授予叁等奖。希望再接再厉，攀登科学技术高峰，为实现四个现代化作出更大贡献。

获奖项目：ZA81-63多工位压力机及其工艺装备

湖北省人民政府

一九八　年　月二十日

骆际焕同志：

你参加的科学技术研究项目，成绩显著，经评定授予贰等奖。望继续努力，为四个现代化建设作出更大的贡献。

证书编号：沙科成(1982) 020号

获奖项目：

ZA81-63多工位自动压力机及其工艺装置

沙市市人民政府

一九八三年

ZA81-63 型多工位自动冲压压力机及工艺装置获奖证书及研发人员现场合影

左起：赵松林（1）、康龙丁（2）、江华（前排 4，省一轻局）

右起：骆际焕（1）、陆向东（2）、黄树槐（4）

十八、增材制造研究方向的开拓与发展

锻压教研室的增材制造技术研发源于1990年1月，王运赣代表华中理工大学，随同中国自然科学基金委员会组织的代表团，参加在美国亚利桑那州凤凰城召开的机械学科汇报会，在此会上，美国CMU（卡内基梅隆）大学介绍了美国3D Systems公司最新生产的SLA（立体光固化）快速成形机，当时简称为RPM，这种机器采用全新的加法制造（现称为增材制造）原理，令与会者十分惊讶。会后，王运赣专程参观了CMU大学新购置的SLA快速成形机，观看了打印3D工件的演示，印象极为深刻，意识到这将是未来机械成形技术的一个全新方向，为此，王运赣索取了一盘有关快速成形机的录像带。回国后，王运赣向华中理工大学校长黄树槐汇报，并播放了SLA快速成形机录像，得到了黄校长的高度评价："这个技术不得了，它一定会带来制造业的一场革命！"并表示支持快速成形技术研究，从此开启了锻压教研室快速成形技术的研发，成为我国最早开展增材制造技术研究的单位之一。

1991—1992年，锻压教研室向华中理工大学科学技术基金和国家自然科学基金申请了有关研究项目，黄树槐和王运赣指导尹希猛等研究生，进行了快速成形技术的原理性探讨。

1993年成功申请了湖北省科委项目"集成化CAD/CAM快速光造形机的开发"，获经费11万元，由博士研究生尹希猛研发SLA快速成形机，学校化学系协助研发光敏树脂材料。但由于技术难度太大，经费远远不足，进展不大。

1993年5月，得知新加坡南洋理工大学已购置美国产SLA快速成形机，经过协商，华中理工大学与南洋理工大学签订了合作研究SLA快速成形精度的协议。据此协议，1993年9月王运赣教授与博士研究生尹希猛前往新加坡工作，尹希猛应用南洋理工大学的SLA快速成形机，进行了为期3个月的实验研究。

1993年10月，王运赣教授和尹希猛在新加坡工作期间，在一家公司考察了美国最新生产的另一种快速成形机——LOM（叠层实体制造），这种机器用激光束一层层切割涂有热熔胶的纸，然后逐层黏结成3D工件，成本较低，材料易于制作。该机器引起了王运赣和尹希猛的极大兴趣，他们比较SLA和LOM两种机型后，认定LOM机比较适合中国国情，应该成为当时华中理工大学快速成形技术的主攻方向，为此及时向黄树槐校长作了报告，得到了黄校长的充分肯定。

1993年底，锻压教研室成立快速制造中心，成员有黄树槐、王运赣、陈国清、骆际焕、田亚梅、尹希猛、刘斌波等，开始进行LOM快速成形机的研制。不到一年便研制了国内首台以涂胶纸作为成形材料的快速成形试验机，此机采用华中理工大学焊接教研室杭世聪教授研发的激光器，由骆际焕和陈国清两位老师设计机械系统，由尹希猛设计控制系统，1994年8月成功造出样机。样机虽然实现了快速成形机的原理，但当时由于资金不足，高品质元器件供应困难，难以在短期内达到一流产品的要求。于是在1994年11月寻求国际合作，随后，华中理工大学副校长朱耀庭与新加坡KINERGY公司董事长林国才，经过友好协商，签订了合作研制快速成形机的协议，由新方提供资金与生产条件，中方提供人才与技术，共同申请专利，研制国际一流的快速成形机。

1994年11月王运赣、陈国清、骆际焕和尹希猛前往新加坡工作，与新加坡KINERGY公司技术人员组成研发小组，共同开发高档快速成形机RPS。同时，黄树槐教授率领田亚梅、熊晓红、肖跃加、马黎、禹世昌、韩明等十多位研究人员，在华中理工大学继续研发LOM快速成形机及其成形材料。此后，在新加坡参加中新合作研发快速成形机工作的还有：华中理工大学教授沈其文，博士刘皓和杨勇，硕士余越峰、王宣、李晓平和左静等。

1994年，黄树槐主持国家自然科学基金项目“新一代快速制造技术

LOM 的研究”，在薄材叠层快速制造理论及关键技术等方面取得了突出进展，建立了较为系统的薄材叠层快速制造理论与技术体系。同年，成功研制了国内首台以纸作为成形材料的快速制造装备样机 HRP-I。

1995 年 2 月，华中理工大学与新加坡 KINERGY 公司合作，由王运赣负责整体方案设计，骆际焕和陈国清负责机械系统设计，尹希猛负责控制系统设计，成功研制第一台基于 LOM 技术的高档快速成形机，并且于 1995 年 4 月以中新合作成果在德国汉诺威国际博览会展出。该机器打印工件强度和硬度高，有优良的排烟系统，获得一致好评，专程前来参观的日本 ARS 公司董事长当即订购了 2 台，此后又向德国出售了 1 台。

参与新加坡 KINERGY 公司项目的研发人员

左起：陈国清（2），王运赣（3），尹希猛（4），骆际焕（6）

项目研发人员在样机前合影

左起：沈其文（1）、王运赣（2）、陈国清（3）

德国汉诺威国际博览会展出

黄树槐教授与国内首台 LOM 快速制造装备样机 HRP-I

1995年9月，上述中新合作生产的高档快速成形机和华中理工大学研制的快速成形机，同时在第四届中国（北京）国际机床展览会展出。这是基于中国技术的第一台快速成形机公开亮相，展览会主席、机床协会会长梁训瑄陪同机械工业部部长何光远观看了中新合作生产的快速成形机演示，何部长称赞说：这种机器让人“大开眼界”，“没想到科学技术发展得这样快”。1995年9月9日第3期《展览快讯》第2版文章《机床界元老谈展品之高、新、尖》中称：“华中理工大学，RPM快速造型系统是当前最前沿技术”。1995年9月11日第3期《展览快讯》第3版文章评价其为：本展会最新高技术产品之一的激光快速制型系统。

1995年11月上述中新合作生产的快速成形机在日本东京31届汽车博览会展出，获得好评。此后，又在美国底特律工业博览会和亚洲自动化博览会展出，主要研发人员尹希猛博士获得新加坡NSF（科学基金会）银奖。这种产品开始批量生产和销售后，王运赣教授和KINERGY公司董事长林国才、经理牧青在中国北至哈尔滨、南至广东的十多个城市，以及英国伦敦，举行产品报告会，取得了显著成效，销售业绩颇丰，主要用户有：广东河源快速成形中心、珠海海关、北京航空航天大学、广州红地技术有限公司、长春第一汽车制造厂、沈阳干部管理学院、湖北第二汽车制造厂、合肥合力叉车厂、南京金城摩托车厂、盐城江淮动力公司、上海交通大学、上海同济大学、盐城工学院等。同年，中新双方议定，对于新加坡合作生产并销售的快速成形机，华中理工大学按销售价的3%提成10年。

1996年3—4月，光明日报、科技日报、经济日报、中国汽车报、中国机电日报、中国仪电报、中国兵工报等，纷纷报道上述中新合作生产的快速成形系统成果，给予高度评价。

1996年，黄树槐主持国家自然科学基金重点项目“金属模具快速制造技术基础研究”，探讨将快速成形技术（3D打印技术）用于模具行业。

展览快讯　　1995年9月9日

机床界元老谈展品之高、新、尖

展览会前后只有7天，展品多，盛况空前。如何在这短短时间里，看到更多水平更高、新的产品，笔者找到了中国机床工具工业协会的二位高级顾问、教授级工程师厉延佐、汪星桥二位机床界的元老，下面将他们潜心研究、分析对比后的情况写在下面，为方便观看，按馆号和展台的顺序罗列。

1A－003北京机床研究所：展品花色多，尖与实用并举。属精尖的有按美国图纸生产的KT－1500V加工中心和与瑞士Charmilles合作生产的新一代慢走丝线切割机、微型和大行程滚珠丝杠。实用的有最新开发的低价立式卧式加工中心、中小型企业用CIMS关联软件包。

1A－202新火花机床公司：实用的有替代仿形铣的锻模电火花加工机床，在"一汽"、"上柴"使用效果好。精度接近慢走丝的快走丝线切割机，号称"慢走丝的精度，快走丝的价格"。

1A－202北京市电加工研究所：与日合作的B35电火花成型机床，可实现镜面加工，是当前国际先进水平。

1A－004珠峰数控集团：中华1型数控系统，最多可控制24个轴，可同时控制1～4台机床。

1A－202北京阿奇公司：一台慢走丝线切割和一台模糊逻辑控制电火花加工机床，水平先进。

1B－001美国Fadal公司：其低价立式加工中心，属首创者，累积已生产9500台，售价约5万美元。

1C－801华中理工大学：RPM快速造型系统是当前最前沿技术，运用ACD3维造型，用软件技术分层切片，然后用分层切片的信息对纸进行分层切割，同时将分层切下来的纸叠加成CDA中所造的3维实物。此实物可作风洞实验，替代木模造型、艺术审查等。

2－010Cincinnati Milacron公司：MAGUM800卧式加工中心是当前最先进的，其设计结构上包含了一系列先进技术。

2－038Giddings & Lewis：RAM630卧式加工中心是新开发的，主轴头装在滑枕上，由滑枕作Z向移动而不是立柱。

2－007Mazak公司：Quick Turn20车削中心是同轴对置的双主轴布局，并带有Y功能，可实现偏心加工。

3－001上海机床总公司：用三轴数控单元模块组成专用双主轴数控柔性加工单元，效率高，有柔性。

3－206北京第一机床厂：有两台自行开发的立式加工中心，采用了国内尚未有的X轴位于工作台后上方的布局，刚性特强。

4－113瑞士Reishauer公司RZR CNC珩齿机用环形内齿珩对顶在左右顶尖上的外齿轮进行珩磨，精度可提高二级。

4－102　德国Chiron公司：刀库在主轴四周的加工中心，每把刀有一个机械手，换刀时间1.9s，工作台交换时间3s，快速移动速度40m/min。

5－601德国OLFF公司：EMAG立式数控车床，其防止机床热变形的措施很周全。

5－501德国Pittler集团：螺纹滚压机滚压8级小蜗杆，其他同类机床需20min，此机床仅需20s。

8B－101英国Renishaw公司：激光测量校正系统，不但可测坐标精度，还可同时补偿。

8B－030瑞士Mikron公司：Multistep柔性自动线，其每个工位有二根轴，工件入线出线在同一位置，可实现六面加工，每一工位是一独立模块。

9－202北京第三机床厂：高效双珩磨机，展出5台高效经济型加工中心，刀库容量最少7把，换刀时间最短5秒。（本报记者　宋业钧）

1995年9月11日　　展览快讯

本展会最新高技术产品之一的激光快速制型系统

快速造型技术是近几年发展起来的一种人地注目的先进制造技术，它将CAD和CAM集成于一体，根据计算机构造的三维模型，能在很短时间内直接制造出产品样品。这种样品可用于新产品的评价，也可与熔模铸造等工艺相结合，在很短时间内制造出精度高、质量好、成本低的金属件、塑料件和铸造用模具、塑料件模具。

华中理工大学从1993年开始研究快速造型技术，1994年8月研制成第一台试验样机。1994年11月该校与新加坡KINERGY公司合作，根据国际市场的需求，对试验样机进行了改进，于今年2月制造出了一批正式产品，并参加了今年3月汉诺威国际博览会，获得了好评，销售了第一批产品。

该系统由激光切割系统、原材料（纸卷）存储、送进机构、热压辊、可升降工作台，数控装置以及一台486D×2－66工业控制机，并配置有模型切片软件等组成。根据用户所需样品的计算机三维模型，切片软件能按产品的精度要求，在其高度方向，每隔一定间隔，"切出"产品一系列横截面轮廓线。升降工作台支承已切割成的一层样品横截面纸片，并通过热压辊使上一层纸片粘于下一层纸片上，最终在其上叠成纸质产品样品。

该造型系统具有下列特点：

1. 制造精度高。制件在X、Y、Z三个方向精度均可达±0.1～0.2mm。2. 成形速度块，生产水平高。在保证高切口质量的前提下，切割速度可达650mm/s以上。3. 制件尺寸大。最大成形尺寸为1200mm×750mm×550mm。4. 原材料用纸是专门开发的，制件硬度高，可承受200C高温，表面光滑，易于除去余料和抛光。5. 可靠性高，能连续无人看管地运行。（姚振华）

媒体相关报道

展览会期间中新人员合影

左起：王运赣（2）、KINERGY公司林国才董事长（5）、黄树槐（6）、陈国清（7）、田亚梅（8）、韩明（9）

在日本东京 31 届汽车博览会展出

光明日报
GUANGMING DAILY

制造方法的一场革命

快速成形技术向中国走来

科技日报
SCIENCE AND TECHNOLOGY DAILY

华中理工大学与新加坡公司合作

快速成形技术国际领先

经济日报
ECONOMIC DAILY

能在几小时内制造出复杂零件

快速成型系统带来大变革

中国仪电报
CHINA INSTRUMENTATION & ELECTRONICS NEWS

制造方法的革命
——ZIPPY系列快速成形系统

中国機電日報
CHINA MACHINERY AND ELECTRONICS DAILY

ZIPPY系列快速成形系统问世

本报讯 快速成形是近年发展起来的一种高新技术，被誉为制造业的一场革命。3月15日，新加坡KINERGY公司和华中理工大学在京举行了快速成形技术报告会，向我国制造业推出了由他们合作开发生产的ZIPPY系列快速成形系统。该系统将计算机辅助设计和制造集成于一体，并具有成形尺寸大、精度高、机械性能好及生产效率高等优点，可在汽车、摩托车、飞机、家电、模具等制造业中广泛应用。

中国汽车报
CHINA AUTOMOTIVE NEWS

快速成形系统汽车制造业的福音

展览快讯

第四届中国国际机床展览会

中国兵工報
CHINA ORDNANCE NEWS

ZIPPY系列快速成形系统问世

各媒体报道快速成形系统成果

1996年，在战略投资商的支持下，武汉滨湖机电技术产业有限公司（以下简称“滨湖机电公司”）在武汉注册成立，作为华中理工大学快速制造中心的产业化基地，从事3D打印装备的生产、销售和推广等产业化工作。黄树槐教授担任武汉滨湖机电技术产业有限公司的法人代表和董事长。

1997年，薄材叠层快速制造装备HRP系列装备在滨湖机电公司完成了产品化，并在海南新大洲摩托车有限公司销售出第一台国产的商品化快速制造装备HRP-Ⅲ。该技术的具体实施由学校负责，周钢、王从军等被派驻新大洲公司具体实施项目交付并提供技术支持，快速成形技术在新大洲摩托车开发工作中取得成功应用和好评，为后期摩托车市场的广泛应用建立了基础，并进入了国内多家大型摩托车企业。

1997年，上述中新合作生产的快速成形机Zippy和打印工件，在德国法兰克福欧洲模具展览会（Euromold）展出，获得好评。

1998年，黄树槐主持九五国家重点科技攻关计划项目“快速原型制造技术应用研究及服务中心建设”，2000年项目顺利完成和验收后，科技部以华中理工大学快速制造中心为依托单位，建立了“科技部快速原型制造技术生产力促进中心（湖北）”，负责快速制造技术在全国的推广和应用。黄树槐任主任，莫健华任副主任。

1998年，黄树槐、马黎等主持国家863重大项目“快速原型制造系统”，史玉升、周钢、肖跃加、韩明等参加。

1998年，滨湖机电公司生产的LOM快速成形设备，完成多台销售，国内的大学如山东工业大学，企业如重庆建设摩托、重庆嘉陵摩托等都采购了滨湖机电公司的LOM设备。

1999年，黄树槐主持国家自然科学基金项目“快速制造装备新型扫描系统关键技术研究”，在快速制造装备的高效高精激光扫描方式与系统方面获得进展。

1999 年，黄树槐主持承担科技部科技型中小企业创新基金项目“快速原型制造技术与装备”，史玉升等参加。

1999 年，王运赣与 KINERGY 公司、新加坡国立大学合作研制 SLM（选区激光熔化）快速成形机成功，当年生产了 2 台，供新加坡国立大学应用，于 2003 年获得美国专利。

2000 年，“薄材叠层快速成型技术及系统”项目获湖北省科技进步奖一等奖，获奖人：黄树槐，肖跃加，韩明，马黎，周钢等。

2000 年，黄树槐主持承担湖北省重点科技攻关项目“快速制造材料的研究”，史玉升、莫健华等参加。

2001 年，“薄材叠层、选择性激光烧结快速成形技术及系统”项目获国家科技进步奖二等奖，获奖人：黄树槐，韩明，史玉升，肖跃加，王从军，周钢等。

2002 年，史玉升主持国家 863 重大专项子课题“节水产品快速制造技术”，将快速制造技术用于农业节水产品的快速开发。魏青松负责该课题实施，撰写的博士论文《自抗堵滴灌灌水器设计及快速开发成套技术研究》获 2007 年全国百篇优秀博士论文提名奖。

2002 年，在史玉升主持下，完成了粉末烧结增材制造装备（SLS）和金属粉末熔化增材制造装备（SLM）的研制，并在滨湖机电公司实现了商品化装备的生产和销售。

2003 年，在黄树槐带领下，莫健华组织开展光固化快速成形机（SLA）和材料研究，研制了工件尺寸为 300 mm、350 mm、600 mm 的光固化快速成形机和紫外光敏树脂，研究了光固化成形工艺，课题组成员有陈国清、张李超、谢军、文世峰。

2004 年，史玉升牵头的“快速制造关键技术”研究团队入选首届湖北省自然科学基金创新群体。史玉升主持湖北省重点科技攻关项目“注塑模快速制造集成系统”。

2004 年，湖北省科技厅批准成立了“湖北省先进成形技术及装备工程技术研究中心”，莫健华任主任，史玉升和陈柏金任副主任，快速制造技术与装备是该中心的主要研究方向。

2005年，史玉升主持国家科技型中小企业技术创新基金项目“选择性激光熔化快速制造技术及装备”，2007年项目完成，实现了直接快速制造金属零部件装备的产品化。

2005年，“粉末材料激光快速成形技术及应用”项目获湖北科技进步奖一等奖，获奖人：史玉升，张李超，蔡道生，黄树槐，刘洁，王从军，熊晓红，陶明元，陈国清，沈其文。

2006年，“高分子制件选择性激光烧结成形关键技术的基础研究”项目获高校自然科学奖二等奖，获奖人：史玉升，黄树槐，汪艳，蔡道生，张李超。

2006年，“生态农业滴灌关键部件快速低成本开发方法及其系列产品”项目获湖北省技术发明奖二等奖，获奖人：史玉升，董文楚，魏青松，黄树槐，罗金耀，刘洁。

2006年，“HW系列新型结构滴灌产品的研制与应用”项目获高校科学技术进步奖二等奖，获奖人：史玉升，魏青松，董文楚，黄树槐，芦刚，罗金耀，刘洁，张李超，蔡道生，文世峰。

2006年，史玉升主持国防预研项目“××××激光快速再制造技术”，将增材制造技术应用于零部件的快速再制造领域。

2006年，与英国伯明翰大学联合成立了中英先进材料及其成形技术联合实验室，伯明翰大学吴鑫华教授任主任，史玉升任副主任，开辟了热等静压近净成形技术研究方向。同年，吴鑫华依托华中科技大学获评教育部长江学者讲座教授。

2006年，史玉升主持、魏青松等参与的国家农业成果转化基金项目“HW系列滴灌灌水器的产品化及推广”，实现了3D打印滴灌节水产品的生产与应用。

2006年，“HW系列新型结构滴灌产品的研制与应用”项目获教育部技术进步奖二等奖。

2006年，“一种粉末材料快速成形系统”发明专利获第二届湖北省优秀专利项目奖，获奖人：史玉升，黄树槐，陈国清，章文献。

2007年，史玉升主持863项目“高性能复杂金属零部件无包套热等静压近净成形技术”，研究粉末材料增材制造与热等静压的复合成形技术，魏青松等参与实施。

华中科技大学锻压教研室依托校办武汉滨湖机电技术产业有限公司，增材制造技术有了更大的发展，除了生产原有LOM机型之外，还研发、生产了SLA、SLS、SLM、3DP、FDM等机型（机械设计由陈国清教授完成），特别是大型SLS，用于成形铸造模具，获得一致好评，产品销往新加坡，获得国家科技进步奖二等奖。在材料和工艺应用方面也有很大突破，沈其文教授将3D打印与砂型铸造、精密铸造及壳型（芯）铸造等工艺相结合，快速制造出复杂铸件的样件，如汽车变速箱体、进排气管、气缸盖、气缸体、泵轮及液压阀等。

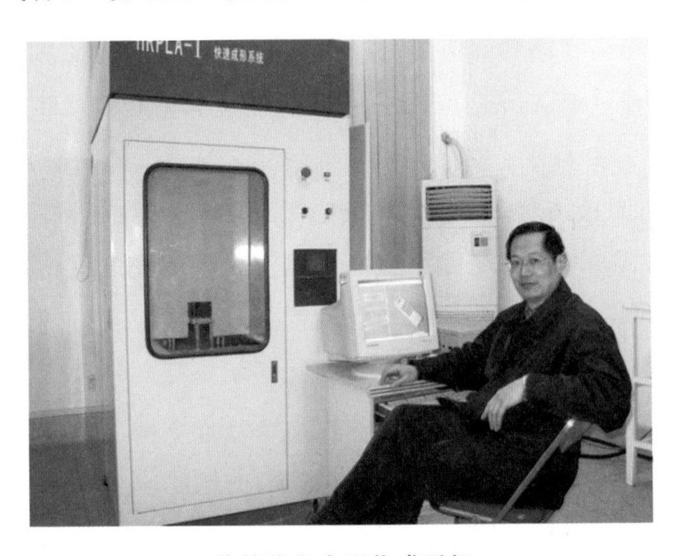

莫健华和光固化成形机

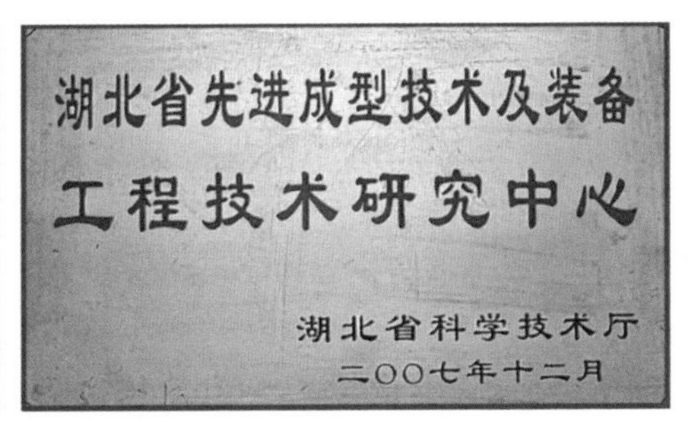

2000 年建立科技部快速原型制造技术生产力促进中心（湖北）

2007 年成立湖北省先进成型技术及装备工程技术研究中心

沈其文教授（左）和 SLS 打印成形的气缸盖砂芯

2018 年 7 月，沈其文教授应香港工程师协会邀请，报告 3D 打印技术

十九、继往开来，增材制造科研结硕果

2007 年，黄树槐教授因病去世，由史玉升教授接替担任团队负责人，同时担任武汉滨湖机电公司的法人代表、董事长。

2008 年，魏青松主持国家自然科学基金项目“污水滴灌灌水器内液-固-气多维耦合流场特征与堵塞规律”，继续推进基于3D打印的节水产品快速开发理论与方法研究。

2010年，史玉升主持，魏青松、闫春泽等参与实施欧盟框架7项目“Casting of Large Ti Structures（航空用大型钛合金结构件精铸技术）”子课题“大型铸件高强度蜡模快速制造与铸件三维测量技术”，将粉末材料增材制造和快速三维测量技术用于航空航天大型复杂结构钛合金零部件的快速制造。

2010年，史玉升主持、魏青松等参与实施中欧政府间的国际合作项目“Research on near net shaping complex aero-engine components with hot isostatic pressing（航空发动机复杂零部件热等静压整体近净成形技术研究）”，提出并实施了一种将粉末材料增材制造与热等静压结合起来的复合制造技术，实现了零部件的控形与控性。

2010年，3D打印领域国际权威报告《沃勒斯报告2010》（*Wohlers Report* 2010）评价华中科技大学快速制造中心团队：“1994年开发出自己的第一台快速制造装备。一直以来显得非常活跃，尤其是近几年。拥有很多专利，是中国拥有最多系列快速制造装备的单位。”

2011年，史玉升负责研制的基于粉末床的“世界最大激光快速制造装备”被两院院士评为“2011年中国十大科技进展”之一，是2011年唯一的先进制造技术的入选项目，也是我国首次增材制造技术与装备入选十大科技进展。

2011年，“选择性激光烧结成形装备与工艺”项目获国家科技发明奖二等奖，获奖人：史玉升，闫春泽，文世峰，蔡道生，张李超，黄树槐。

2011年，“基于面结构光的复杂形面高效精密三维测量关键技术、装备及应用”项目获教育部科技进步奖一等奖，获奖人：史玉升，王从军，李中伟，黄树槐，周钢，钟凯等。

2011年，张李超主持国家自然科学基金青年基金项目“基于细粒度并行计算模型的动态物体在线三维测量关键技术研究”。

2012年，史玉升主持国家科技支撑计划项目“基于粉末材料的大型复杂零部件快速制造技术及装备攻关与应用示范”，其中魏青松主持“基于粉末材料的大型复杂零部件激光快速制造关键共性技术研究”课题。

2012年，3D测量设备获瑞士日内瓦国际发明博览会金奖。

2012年，刘洁主持国家自然科学基金项目“振动水压下滴灌灌水器水力性能演变与调控规律研究”，探索振动水压新模式下滴灌灌水器的堵塞特征等问题。

2012年，为了更好地促进3D测量设备的产业化工作，将测量装备的生产和销售业务从武汉滨湖机电公司分离出来，注册成立了武汉惟景三维科技有限公司，专门从事3D测量设备的研发、生产、销售和服务。

2012年9月5日和19日，科技部召开3D打印制造规划启动会，华中科技大学3D打印团队的负责人史玉升教授被邀请参加。

2012年，华中科技大学李培根校长牵头，承担了中国工程院咨询研究项目“增材制造技术工程科技发展战略”，为政府相关部门提供增材制造技术工程发展战略的咨询报告及路线图研究报告。华中科技大学史玉升、魏青松等是项目组的核心成员和主要执笔人。

2012年9月13日，应湖北省委常委、襄阳市委书记范锐平邀请，由华中科技大学党委书记路钢带队，史玉升教授在襄阳市做了“3D打印制造技术及应用”的报告。

2012年10月6日，在华科大60周年校庆的有关会议上，华科大的3D打印制造技术受到湖北省委书记李鸿忠、武汉市市长唐良智等领导的赞扬。

2012年10月，工业和信息化部召开3D打印制造研讨会，史玉升教授被邀请参加，并为工业和信息化部3D打印技术规划提供技术支持。

2012 年，史玉升教授由于在 3D 打印制造技术方面的科研和产业化贡献，被湖北省科协推荐为全国十佳优秀科技工作者候选人（湖北省唯一），是全国 55 个候选人之一，获得提名奖。

2012 年 12 月 13—16 日，由中国工程院联合中美英机械工程学会举办的 3D 打印制造世界论坛会议：中国工程科技论坛——2012 年增材制造技术国际论坛暨第六届全国增材制造技术学术会议在华中科技大学召开，由华科大快速制造中心承办、史玉升教授被推举为会议副主席，魏青松任大会秘书和联系人。该论坛是 3D 打印领域规模最大的论坛之一，共有 20 多位院士和 300 多位专家学者与会。

2012 年中国工程科技论坛专家学者合影

2012 年 12 月，时任全国人大常委会副委员长路甬祥在人民大会堂召集全国增材制造领域专家讨论我国未来增材制造发展路线图，时任华中科技大学校长李培根院士、史玉升教授和魏青松教授参会。本次会议为我国十三五“增材制造与激光制造”重点研发计划实施起到了积极的推动作用。

2012 年，史玉升“先进成形技术与装备”团队，获批教育部创新团队。

2012 年，湖北省发改委批准成立“湖北省先进成形技术与装备工程实验室”，史玉升任主任。

2012 年，史玉升负责 02 专项课题“IC 装备用高端陶瓷零部件的近净成形技术”，将增材制造技术用于成形陶瓷零部件。

全国增材制造发展路线图讨论会代表合影

（李培根院士、卢秉恒院士、关桥院士、潘云鹤院士、王华明院士参会，
史玉升教授和魏青松教授参会）

2013年3月，湖北省许克振副省长在湖北京山主持召开湖北省加快铸造产业发展现场会，特邀请史玉升教授做关于3D打印技术在铸造行业应用的报告。

2013年4月，华中科技大学3D打印团队研发的三维动态扫描系统获瑞士日内瓦发明博览会金奖。

2013年瑞士日内瓦国际发明博览会上，参展项目获得金奖

2013年1—4月，湖北省委副书记张昌尔，武汉市委书记阮成发，湖北省副省长许克振，武汉市市长唐良智及省市多部门领导，多次考

察华中科技大学3D打印团队的研发基地和生产基地，并为促进3D打印团队的发展现场办公。

中组部副部长李智勇考察史玉升团队3D打印项目，武汉市委书记阮成发、武汉市市长唐良智陪同

武汉市市长唐良智考察史玉升团队3D打印技术

湖北省委副书记张昌尔来校调研3D打印技术产业化

中国工程院院长周济院士参观3D打印实验室

格力集团总裁董明珠女士一行参观考察史玉升团队3D打印技术

2013 年 6 月，史玉升入选武汉东湖新技术开发区第六批“3551 光谷人才计划”。

2013 年 6 月在华中科技大学召开“增材制造技术工程科技发展战略”咨询项目研讨会，中国工程院院长周济院士以及李培根院士等九位院士参会

2013 年 7 月 21 日，中共中央总书记、国家主席习近平在湖北视察时，参观了武汉东湖新技术开发区成果展的 3D 打印展区。史玉升教授向总书记介绍了其团队研发和产业化 3D 打印技术及 3D 测量技术和未来的发展计划。同时，也介绍了由华中科技大学校长李培根院士牵头的中国工程院有关 3D 打印技术咨询项目的进展情况，并说 8 月会向中央提交一份有关我国如何开展 3D 打印技术的建议书。总书记听了史玉升教授的介绍，参观了其团队研发的 3D 打印机及打印的复杂陶瓷和金属零件后说：“这种技术很有前途，要抓紧产业化。”

2013 年，在湖北省和武汉市政府的指导下，为加速 3D 打印技术的产业化、规模化发展，武汉华科三维科技有限公司（以下简称“华科三维公司”）注册成立。华中科技大学将史玉升团队 3D 打印技术成果和科研团队整体植入了武汉华科三维科技有限公司，史玉升任华科三维公司首席科学家。华科三维公司是华中地区投资规模最大的专业增材制造装备研发制造平台，总投资6000万元。华科三维公司自主开发了系列具有独立自主知识产权的增材制造材料、装备及软件，涵盖了SLM、SLS、LOM、SLA、FDM、3DP等主流增材制造工艺，成功完成了高分子、树脂砂、金属、陶瓷、液态树脂等不同工艺的工业级增材制造装备的产业化，推出了多系列多型号的增材制造装备，完成了集装备制造、材料研发生产以及服务等为一体的全产业链布局，形成了年产工业级增材制造装备100台以上的能力。公司累计在国内外销售工业级的增材制造装备达500多套，生产的增材制造材料和装备出口到英国、新加坡、俄罗斯、巴西、越南等国。增材制造服务用户达1000多家，为国内外航空航天、汽车、机械制造、模具、电子、医疗、制鞋、教育科研、创意设计等行业打印制造了上万种各类复杂零部件，在铸造、泵阀、航空航天、汽车、医疗和教育等行业获得了广泛应用。

2013年11月，湖北省科技厅批准了华中科技大学发起的倡议，成立了湖北省3D打印产业技术创新战略联盟，武汉华科三维科技有限公司为联盟理事长单位，史玉升当选为联盟理事长，周钢担任联盟秘书长。

2013年11月湖北省3D打印产业技术创新战略联盟成立仪式

2013 年，史玉升团队研制出“四激光、四振镜、全球超大台面”的 1400 mm×1400 mm×500 mm 粉床激光烧结 3D 打印装备。

2013 年，蔡道生组建研发团队，开始专注于黏合剂喷射 3D 打印技术。在产品初步成形时，同年创立武汉易制科技有限公司。2015 年由武汉易制科技有限公司开发的全彩 3DP 打印机在武汉光博会上首发。该设备填补了中国当时在 3DP 技术领域的空白。同年，武汉易制科技有限公司被行业媒体评为最创新 3D 打印企业和十大最受关注工业级 3D 打印企业。

蔡道生（中）及其团队开发的 3DP 打印机

2013 年由中国机械工程学会组织，华中科技大学、西安交通大学、西北工业大学、清华大学、华南理工大学等单位参与编写的《3D 打印打印未来》科普书籍由中国科学出版社出版，是我国出版的有关 3D 打印的第一本科普书，获 2014 年全国优秀科普作品奖。华科大团队作为主要联络人和组织者承担了该书的统稿工作，史玉升、魏青松、王从军等参与了编写工作。

2014 年，史玉升主持、蔡超参与国家自然科学基金项目“复杂金属件同质包套热等静压整体成形关键技术基础研究”，提出用增材制造技术成形热等静压随形包套。

2014 年，魏青松主持国家自然科学基金项目“SLM 成形金属骨骼修复体材料与结构双梯度过渡层基础研究”，开启了课题组 3D 打印金属在人体骨骼植入物方面的理论与技术研究。

2014 年，张李超主持总装预研项目“××××××的 3D 打印维修保障关键技术研究”。2014 年，张李超作为参与单位负责人承担了广东省重大专项“设计－制造一体化的 3D 打印数据处理软件平台开发与应用”。

2015 年，由中国机械工程学会特种加工分会主办的“第一届全国增材制造青年科学家论坛”在华中科技大学举行，魏青松担任大会主席，宋波负责大会组织。该论坛已发展为每年一届的全国增材制造领域最知名学术论坛。

2015 年，获国家发改委批准，成立“数字化材料加工技术与装备国家地方联合工程实验室（湖北）”，史玉升任实验室主任，主要从事增材制造技术、精密成形技术和热等静压技术等方面的研究。

2015 年，“高性能复杂零件的增材/铸造复合整体成形技术及应用”获中国机械工业科学技术进步奖一等奖，获奖人：史玉升，周建新，周黔，南海，魏青松，殷亚军，文世峰，郄喜望，廖敦明，闫春泽，陈涛，张李超，庞盛永，计效园，李中伟。

2015 年，“多激光束金属熔化增材制造设备研制及工程应用”项目获中国航天科技集团公司科学技术奖二等奖，获奖人：郭立杰，王联凤，史玉升，乔凤斌，刘明芳，陈静，朱小刚，侯春杰，魏青松，时云，文珊珊，程灵钰，刘杰，文世峰，赵慧慧。

2015 年，张李超主持 863 课题“3D 打印数据处理软件平台开发与应用”，开创了 CAD、CAM、CNC 全生命周期，覆盖所有主流增材制造工艺的统一软件平台研究方向。

2015 年，张李超作为参与单位负责人承担了广东省应用型科技研发专项资金项目“金属丝增材/减材复合成形技术及在汽车发动机零部件再制造中的应用”，开创了增减材复合成形再制造的研究方向。

2015 年，宋波主持国家自然科学基金青年科学基金项目“多陶瓷相强化 Fe 基纳米复合材料的激光选区熔化原位合成机理研究”，开辟了面向增材制造的复合材料设计研究方向。

2016 年，吴甲民主持国家自然科学基金青年科学基金项目“基于激光选区烧结的 $SiC_{(w)}$ /Si_3N_4 蜂窝陶瓷的多孔结构与性能调控”，提出了高性能多孔陶瓷的激光选区烧结制造方法。

2016 年，魏青松主持，闫春泽、文世峰等参与中欧国际合作项目（欧盟地平线 2020 项目）“增材制造、近净成形热等静压及精密铸造高效率制造技术研究（EMUSIC）”，推进了 3D 打印与铸造技术融合以及热等静压近净成形技术的研发。

2016 年，“金属基复合材料的激光制备与成形一体化技术”项目获湖北省技术发明奖一等奖，获奖人：史玉升，魏青松，闫春泽，张李超，宋波，刘洁。

2016 年，“多激光束金属熔化增材制造设备研制及工程化应用”项目获上海市科技进步奖二等奖，获奖人：郭立杰，王联凤，史玉升，乔凤斌，张成林，刘明芳，陈静，朱小刚，魏青松，时云。

2016 年，史玉升团队宋波参与科技部国家重点研发计划项目“激光-金属交互作用下的非平衡冶金、凝固及组织演化机制”，开辟了面向增材制造的材料设计研究方向。

2016 年，史玉升团队的“3D 打印技术”获评“2016 年湖北高校十大科技成果转化项目”。

2016 年，史玉升团队参与科技部国家重点研发计划重点专项“骨与关节个性化植入假体增材制造关键技术的研发及临床应用”，刘洁主持课题“适用于临床应用的个性化植入假体增材制造工艺的研究”，武汉华科三维科技有限公司周钢牵头负责“支持多种生物材料增材制造装备的开发”课题。

科技部国家重点研发计划重点专项“骨与关节个性化植入假体增材制造关键技术的研发及临床应用”项目启动会

科技部重点研发计划项目医疗 3D 打印项目汇报和检查

2017 年，由中国机械工程学会特种加工分会主办的“第一届 4D 打印技术论坛”在华中科技大学举行，发起人史玉升担任大会主席，宋波担任执行主席。该论坛已发展为国内每年一届的知名学术论坛。

2017 年，史玉升团队参与科技部国家重点研发计划项目“金属增材制造在线监测系统”，武汉华科三维科技有限公司牵头其中一个课题，负责在线监测增材制造装备的研制。

2017年，史玉升负责国家自然科学基金重大项目课题“金属基材料-结构双梯度点阵构件增材制造”。

2017年，史玉升负责“两机”重大专项课题“大尺寸定向、单晶叶片型芯、型壳制备及双材料陶瓷芯壳一体化增材制造与脱除技术”。

2017年，史玉升团队获武汉市科技局批准，成立“武汉市增材制造工程技术研究中心”，史玉升任主任。

2017年，闫春泽主持的广东省重大科技专项“3D打印制造复合材料零部件的关键技术及应用”，入选“2017年全国十大高校重大成果转化项目”。

2017年，闫春泽主持湖北省技术创新专项重大项目“高性能特种聚合物的增材制造技术与装备研发”，开启了课题组在高温激光选区烧结增材制造聚醚醚酮（PEEK）材料方面的理论与技术研究。

2017年，闫春泽主持国家自然科学基金面上项目“增材制造多孔Cu-Ni合金用于CVD法制备三维石墨烯基础研究”，开辟了课题组在增材制造石墨烯复合材料方面的理论与技术研究。

2017年，魏青松主编，闫春泽、文世峰等参与，史玉升主审的教材《增材制造技术原理及应用》由科学出版社出版，已被华中科技大学、华南理工大学、中南大学以及太原理工大学和武汉理工大学等众多国内高校作为教材采用。

2017年，宋波主持国家自然科学基金面上项目“AlSi10Mg/SiC复合梯度材料点阵结构的激光选区熔化成形机理研究”，深入开展面向增材制造的复合材料设计研究。

2017年，宋波负责载人航天领域预先研究项目“空间大型设施3D打印技术”。

2017年，闫春泽为第一发明人专利“一种C/C-SiC复合材料零件的制备方法及其产品”授权中国发明专利（ZL 201710238622.1），陆续授权美国（US 11021402）、日本（JP 6859441）和俄罗斯（RU

2728429）国际发明专利，开辟课题组在增材制造碳化硅陶瓷材料方面的理论与技术研究。该专利于 2021 年获“湖北专利金奖”和“日内瓦发明展金奖”。

2017 年，闫春泽主持武汉市国际科技合作计划项目，成立“中欧增材制造技术联合实验室”，闫春泽任主任。

2017 年，中国工程院启动由周廉院士主持的“中国 3D 打印材料及应用发展战略研究”咨询项目，闫春泽承担该咨询项目聚合物组组长，牵头组织国内 3D 打印聚合物材料研发优势单位，包括西安交通大学、四川大学、北京化工大学、中国科学院北京化学所、中国科学院宁波材料所、华东理工大学、湖南华曙科技有限公司、广东银禧科技股份有限公司的专家学者，对 3D 打印聚合物材料的研发与应用现状、我国 3D 打印聚合物材料面临的问题、3D 打印聚合物材料的发展趋势以及针对 3D 打印聚合物材料发展的建议等方面进行调研总结，并牵头组织编写了《中国 3D 打印聚合物材料及应用发展战略报告》和学术专著《3D 打印聚合物材料》。

2017 年，“大吨位高性能低能耗全自动液压精冲机的研发及产业化”项目获 2017 年度中冶集团科学技术进步奖一等奖，获奖人：黄涛，周劲松，王祖华，史玉升，张李超，李少祥，陈渊，郭银芳，黄重九，彭林香。

2018 年，史玉升任项目负责人，武汉华科三维科技有限公司牵头承担科技部国家重点研发计划项目“面向增材制造的模型处理以及工艺规划软件系统”，魏青松主持“普适性全维度数字模型”课题。

2018 年，史玉升团队参与科技部国家重点研发计划项目“高性能复杂聚合物零部件增材制造技术的研发与应用”，闫春泽参与其中的“增材制造高性能聚合物材料体系的研发与质量评价标准建立”课题。

科技部国家重点研发计划项目“面向增材制造的模型处理以及工艺规划软件系统”项目启动会

2018年，史玉升团队参与科技部国家重点研发计划项目“可降解个性化骨科植入物增材制造关键技术与装备的研究”，吴甲民主持课题“可降解生物材料增材制造装备、工艺与植入物个性化设计软件”，开辟了可降解生物陶瓷材料增材制造及其应用的研究方向。

2018年，史玉升团队参与科技部国家重点研发计划项目“高性能聚合物材料个性化仿生内植入物增材制造技术及临床应用研究”。

2018年，史玉升牵头的“复杂零件整体铸造的型（芯）激光烧结材料制备与控形控性技术”项目成果获国家科学技术进步奖二等奖。

2018年，魏青松主持国家自然科学基金项目“在线磁场激励对激光选区熔化零件各向异性和残余应力的影响机制及调控规律”，推进特种能场辅助激光3D打印组织与性能调控。

2018年，吴甲民参与国家重点研发计划项目“智能矫形器与外固定系统关键技术研究及临床应用”，实现智能化矫形器内衬的增材制造。

2018年，宋波负责装备预研领域基金项目“主动声学超材料及其控制技术”，开辟了面向增材制造的超材料结构设计研究方向。

2018年，闫春泽主持科技基础条件建设项目，成立“广东省3D打印高分子及其复合材料企业重点实验室”，闫春泽任主任。

2018年，吴甲民主持湖北省技术创新专项重大项目“高精度陶瓷增材制造技术及装备研发”，实现了陶瓷增材制造技术在微波介质陶瓷器件等高性能陶瓷零件制造方面的应用。

2019年，宋波负责国家自然科学基金委优秀青年基金项目“金属增材制造”，开展了大量面向增材制造的材料与结构设计的相关研究。

2019年，魏青松主持“两机”重大专项课题“×××的关键技术与制备”，推进热等静压在航空航天关键零件制造上的应用。

2019年，钟凯主持国家重点研发计划项目课题“嵌入式面结构光快速高精度三维测量技术”，开展了面向智能制造的高性能三维测量技术与装备的相关研究。

2019年，吴甲民主持广东省重点领域研发计划项目课题“超高速连续打印过程流体力学和热力学仿真”，开辟了光固化增材制造过程中流体力学和热力学仿真新方向。

2019年，吴甲民主持国家自然科学基金面上项目“曲面梯度BN_f/Si_3N_4陶瓷零件随形光固化成形机理及性能调控研究”，提出了复杂曲面功能陶瓷零件增材制造的新方法。

2019年，史玉升团队获教育部批准，成立“增材制造陶瓷材料教育部工程研究中心”，闫春泽任主任，李晨辉、吴甲民、文世峰任副主任。

2019年，蔡超主持国家自然科学基金青年基金项目“复杂高性能构件内表面功能涂层的热等静压制备机理与调控”，提出了一种热等静压成形复杂高性能构件的同时完成内表面功能涂层的制备方法。

2019年9月3日，《人民日报》头版以《武汉：研发生产我们自己的品牌产品（壮丽70年奋斗新时代·重温嘱托看变化）》为题报道2013年习近平总书记视察武汉光谷的足迹回访，其中《“写在大地上”的论文越来越多》一节中，华中科技大学材料成形与模具技术国家重点实验室史玉升教授向记者介绍：“这些工业级3D打印装备，全部是我们自主研发生产的，已经出口到美、英、德等十几个国家。”“习近平总书记到光谷展示中心考察时指出，一定要坚定不移走中国特色自主创新道路，培养和吸引人才，推动科技和经济紧密结合，真正把创新驱动发展战略落到实处。”为此第二年华科三维科技有限公司成立，开启了工业级3D打印技术产业化之路。史玉升介绍，短短5年时间，华科三维公司研发的大型复杂陶瓷零件3D打印装备已处于世界领先水平，并制造出行业领先的直径1.6米大尺寸复杂结构碳化硅陶瓷零件。

2019年，“多种材料电弧熔丝增材制造技术及在热锻模制造/再制造中的应用”项目获机械工业科学技术发明奖二等奖，获奖人：史玉升，张运军，余圣甫，李中伟，张李超，陈颖，钟凯，陈森昌，汤名锴，陈天赋，甘万兵，曹世金，韩海峰，贾和平，吴伟华。

2019年，“3D打印聚合物及其复合粉材和丝材的制备与成形技术”项目获中国产学研创新成果奖二等奖，获奖人：闫春泽，史玉升，傅轶，汪艳，文世峰，史云松，李昭青，刘冉，李中伟，张李超。

2020年，闫春泽主持国家自然科学基金航天联合基金重点项目“航天大型复杂高强碳化硅构件多激光增材制造理论与方法”，与航天科技五院508所等单位联合研发大尺寸SiC空间反射镜的增材制造整体成形技术。

2020年，张李超作为参与单位负责人承担了广东省重点领域研发计划“高效大尺寸激光选区熔化增材制造及复合工艺与装备”项目。

RENMIN RIBAO

人民网网址：http://www.people.com.cn

2019年9月 3 星期二

人民日报社出版

CN 11-0065 代号1-1 第25987期 今日20版

壮丽70年 奋斗新时代

重温嘱托看变化

创新驱动引领高质量发展

武汉：研发生产我们自己的品牌产品

“大国重器”握在了自己手里

（下转第六版）

习近平会见中国红十字会第十一次全国会员代表大会代表

李克强王沪宁王岐山参加会见

（上接第一版）

“写在大地上”的论文越来越多

“这些工业级3D打印装备，全部是我们自主研发生产的，已经出口到美、英、德等十几个国家。”在华中科技大学材料成形与模具技术国家重点实验室，教授史玉升向记者介绍。

2013年7月，习近平总书记到光谷展示中心考察时指出，一定要坚定不移走中国特色自主创新道路，培养和吸引人才，推动科技和经济紧密结合，真正把创新驱动发展战略落到实处。

在史玉升的积极奔走下，第二年华科三维科技有限公司成立，开启了工业级3D打印技术产业化之路。

“正如总书记在多个场合强调的，广大科技工作者要把论文写在祖国的大地上，把科技成果应用在实现现代化的伟大事业中。”史玉升介绍，短短5年时间，华科三维研发的大型复杂陶瓷零件3D打印装备已处于世界领先水平，并制造出行业领先的直径1.6米大尺寸复杂结构碳化硅陶瓷零件。

将论文“写在大地上”的，还有2007年回国创办锐科光纤激光公司的闫大鹏。2013年锐科激光研制的国产首台万瓦连续光纤激光器与国外先进水平已实现“并排跑”，某些技术指标超过国外同类型产品。如今公司又研发出2万瓦连续光纤激光器，使我国成为第二个掌握此项高端技术的国家。

突破“卡脖子”技术的背后，是由国际国内高端专家人才领衔、一批“80后”“90后”博士担纲的研发团队。

总书记强调，要把科教优势、人才优势转化为推动长江经济带的发展优势。光谷目前集聚了以4名诺贝尔奖得主、58名中外院士等为代表的大批高端人才，重点打造光电、生物等8家专业工研院和联影医疗、高德红外等2家企业工研院，建成一批大学科技园和60家孵化器、103家众创空间，每年吸引20多万科技人员创新创业，日均新增科技型企业98家。

黄金水道“中梗阻”正在打通

武汉新港阳逻港第二期码头，两台塔吊正有条不紊地将500多个集装箱转载到一艘万吨级货轮上。

“这批货物沿江而下，3到5天便可直达上海，换船后踏上‘海上丝绸之路’。”武港国际营运操作部经理余立麒说，现在几乎每天都有万吨级货轮去上海港，因为运输时间大幅缩短，越来越多企业选择将自己的商品从武汉港发往世界各地。

2013年7月21日，习近平总书记考察武汉，第一站就来到了阳逻集装箱港区。“当时大雨滂沱，总书记卷起裤腿，打着雨伞，蹚着积水，了解港口货物吞吐量情况，让我们备受鼓舞。”回想当天的情形，余立麒仍难掩激动。

“总书记强调要大力发展现代物流业，长江流域要加强合作，充分发挥内河航运作用，发展江海联运，把全流域打造成黄金水道。这份嘱托我们铭记于心。”武汉新港管委会主任张林介绍，武汉整合长江中游港航资源，形成了以阳逻港集装箱为核心，全域重件、散货和液体等门类齐全的港口集群，集装箱吞吐量突破百万标箱，成为长江中上游第一大港，跻身世界内河港口第一方阵，成为服务长江流域经济发展、沟通全球物流集散的重要支点。这标志着长江黄金水道的“中梗阻”正在打通。

从阳逻港到洋山港的“江海直达”航线，曾因船期不稳、运输耗时长而几停几开，不少企业货主无奈转向铁路和公路运输，物流成本大幅增加。为此，武汉新港联合多家部门对该航线的船舶运输、停靠、吊装、通关、检验检疫等各个环节作出细致规定，最终实现72小时准点直达。如今，这条航线已实现“天天班”，成为长江最繁忙、最稳定的品牌航线之一。

中外运武汉公司船代部经理张广军算了一笔账：武汉至上海单个标准集装箱平均运价是公路运输成本的1/8，铁路运输成本的1/3。

随着黄金水道的畅通，武汉港的市场腹地越来越大，“拉下水、送上船”的货物越来越多。如今，武汉港的服务范围拓展至内蒙古、甘肃、陕西等地，“朋友圈”已遍及全球，西可达西欧、中亚，东可抵日韩，南可抵东盟，成为中西部最佳“出海口”。

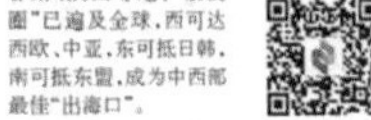

记者手记

增强敢为人先的创新意识

程远州

两次考察光谷，习近平总书记处处谈创新，反复讲创新，强调“紧紧抓住创新这个牛鼻子”。

在采访中，我们常被光谷热火朝天的创新氛围感动：从中国信科“构想一代、研究一代、储备一代、开发一代、生产一代”的产品发展思路，到长飞科技誓做世界第一的“长飞梦”；从锐科激光“憋着一口气”追赶的精神，到华科三维敢为人先的创新意识，光谷创新活力迸发，发展势头强劲。

放眼全球，新一轮科技革命和产业变革孕育兴起，创新发展正当时，“不创新不行，创新慢了也不行”。要达到“使中国质量同中国速度一样享誉世界”的目标，也惟有靠创新。只有回答好创新驱动发展的时代考题，才能真正推动经济高质量发展。

《人民日报》头版报道，华科大不负总书记嘱托，努力发展3D打印创新事业

2020年，“热模锻件在线自动化三维测量技术及装备”项目获机械工业科学技术一等奖，获奖人：李中伟，史玉升，钟凯等。

2020年，“自动化热模锻生产线关键技术的自主研发与产业化”项目获湖北省科技进步奖一等奖，获奖人：史玉升，李中伟，冯仪，余圣甫等。

2020年，“激光选区熔化增材制造致密化机理及组织性能调控原理”项目获湖南省自然科学奖二等奖，获奖人：李瑞迪，彭浩平，袁铁锤，陈超，王敏卜，史玉升。

2020年，“一种适用于水溶性丝材的变螺距双螺旋风冷装置”发明专利获第二十二届中国专利优秀奖，获奖人：闫春泽，陈鹏，史玉升，傅轶，汪艳，魏青松，刘洁。

2020年，史玉升团队的“智能热模锻生产线关键技术”入选“2020中国智能制造十大科技进展”项目。

2021年，蔡超入选“第六届青年人才托举工程”、湖北省海外高层次人才“百人计划”和“武汉英才”优秀青年人才。

2021年，蔡超主持安徽省重点研发计划“热等静压免维护耐磨辊套复合制造关键技术的研究与应用”课题，推动热等静压技术工程化应用。

2021年，“性能区域可调控的金属材料激光选区熔化增材制造技术及应用”项目获2021年度中国有色金属工业科学技术奖（技术发明）一等奖，获奖人：周燕，文世峰，史玉升等。

2021年，“一种高温物体自动化三维形貌测量装置及测量方法”发明专利获第二届湖北省高价值专利大赛金奖，获奖人：李中伟，史玉升，韩利亚，钟凯。

2021年，史玉升牵头承担科技部国家重点研发计划项目“轻量化可重构月面建造方法研究”，开启了月球增材制造的技术基础研究。

2021年，史玉升牵头承担国防173项目“×××碳化硅构件快速成形加工技术”。

2021年，宋波牵头承担装发预研教育部创新团队项目“增材制造材料-结构-功能一体化成形”，开辟了材料-结构-功能一体化设计与增材制造研究方向。

2021年，闫春泽主持湖北省重点研发项目“机器人增材制备高性能碳纤维增强复合材料关键技术研究”，开辟课题组在增材制造连续纤维增强复合材料方面的理论与技术研究。

2021年，闫春泽牵头起草的国家标准《增材制造材料粉末床熔融用尼龙 12 及其复合粉末（*Additive manufacturing-Materials-Powders of Nylon 12 and its composites for powder bed fusion*）》（GB/T 39955—2021）正式发布并实施。

2021 年，“面向激光增材制造的新型铝合金成分设计与原位制造”项目获评中国有色金属十大进展，获奖人：宋波，张金良，文世峰，周燕，史玉升。

2021 年，“增材制造高性能金属材料—结构设计制造与应用”项目获生产力促进二等奖，获奖人：宋波，张金良，文世峰，周燕，祁俊峰，李霏，史玉升。

2022 年，文世峰牵头承担科工局民用航天项目课题“在轨增材制造技术及机理研究”。

2022 年，蔡超牵头承担国家磁约束核聚变能发展研究项目，将增材制造技术的应用拓展到核聚变装置。

2022 年，“激光增材制造专用高强度铝合金材料研发与应用”项目获 2021 年度中国有色金属工业技术发明奖一等奖，获奖人：李瑞迪，祝弘滨，王敏卜，袁铁锤，柯林达，史玉升。

2022 年，“一种 C/C-SiC 复合材料零件的制备方法及其产品”发明专利获第二十二届中国专利优秀奖，获奖人：闫春泽，朱伟，傅华，史玉升，徐中凤。

2022 年，“多材料激光粉床增材制造技术”项目获 2022 年度湖北省技术发明奖二等奖，获奖人：宋波，文世峰，周燕，祁俊峰，李霏，张金良。

2022 年，“材料-结构一体化激光选区熔化技术及应用”项目获 2022 年度机械工业技术发明奖二等奖，获奖人：宋波，祁俊峰，文世峰，周燕，李霏，史玉升。

2023 年，史玉升获全国创新争先奖。

2023 年，苏彬主持国家自然科学基金面上项目“钕铁硼/聚氨酯基磁性触觉传感器的多丝材激光增材制造成形及性能调控研究”，将结构性增材制造构件扩展到功能性增材制造构件，为制备高灵敏力电转换功能器件提供新的成形手段与方法。

2023 年，蔡超主持国家自然科学基金面上项目“激光选区熔化/脱合金构筑微纳多孔催化剂及其结构调控与降解机理”，将增材制造创新应用到催化领域，为构筑高效稳定的新型纳米多孔金属催化剂提供了新的契机。

2020 年英国驻华大使吴若兰女士访问快速制造中心

二十、铸锻铣一体化复合增材制造技术与装备

近两百年来世界制造业一直采用铸、锻、焊、削多工序分步长流程、重装备的传统模式制造锻件，然而，大型锻机受限于可锻面积及单一压下方向，无法整体锻造大型复杂零件，只能分块锻后再拼焊，致使可靠性降低，流程更长；且因铸坯原始晶粒不均、锻造应力由表及里向内衰减，难以获得均匀等轴细晶，强韧性提升已近极限。近年被各强国列为战略竞争制高点的增材制造技术，原理上仅为熔凝微铸

而无锻，强韧性不及锻件，故现有技术无法短流程整体制造大型复杂主承力锻件。

为突破此瓶颈难题，张海鸥与夫人王桂兰于1998年从东京大学毅然回国留校锻压教研室，带领团队上百人潜心攻关，历经二十余年，首创增等减材一体化控形控性并行先进制造理论，融合了增材制造、半固态快锻、柔性机器人加工三项技术，将金属增材—等材—减材合三为一，解决了大型复杂高端零件短流程高品质制造的世界难题，属于颠覆性创新与领跑国际的先进制造技术。

张海鸥教授科研团队

右起第一排：张海鸥（5）、王桂兰（4）

张海鸥教授工程研发团队

左起第一排：张海鸥（4）、林宗棠（5）、陆鹏程（6）、王桂兰（7）

张海鸥与王桂兰教授指导设备现场调试

铸锻铣一体化技术，无需重型装备与巨型模具及二十多次反复加热与成形加工，锻造压力不到传统万吨锻压机0.01%，制造周期缩短60%，能耗降低90%，碳排放减少90%，材料节约60%，成本降低30%，成形尺寸≥5m，成形效率≥1200cm^3/h，尺寸精度±1 mm/m，表面粗糙度Ra≤6.3 μm，突破了复合增材成形过程中的质量在线诊断与路径、熔积能量、塑性变形的集成智能优化，实现了用单台设备柔性可变批量超短流程制造长寿命、高可靠、轻量化大型复杂主承力锻件的重大原始创新与产业化，单机直接制造设备和系统精度控制达0.1 mm，在线检测表面缺陷识别准确率99.8%，响应时间小于500 ms，在新产品新装备短周期快速研发与可循环生命周期持续发展绿色制造方面展现独特优势。应用于×××主承力钛合金外挂主接头与×××最承力轮轴一体化A100超高强钢起落架快速研制，实现国内外首次无需大型锻机和模具、成形后热等静压的航空关键材料主承力锻件整体轻量化制造，强塑性、断裂韧度、裂纹扩展速率、疲劳等综合力学性能全面超过同牌号锻件指标，并通过极端使役条件件极限静力考核。推广应用于国防急需的航空发动机复合材料宽弦叶片、两栖战车推进器、深海超高压涡泵、超音速深层打击异形战斗部、电磁弹射超高速耐磨导轨等“杀手锏”用大型复杂整体构件等制造，产品性能获权威机构测试认证和用户充分肯定。近三年新增产值 5.5 亿元，潜在经济效益超千亿元。

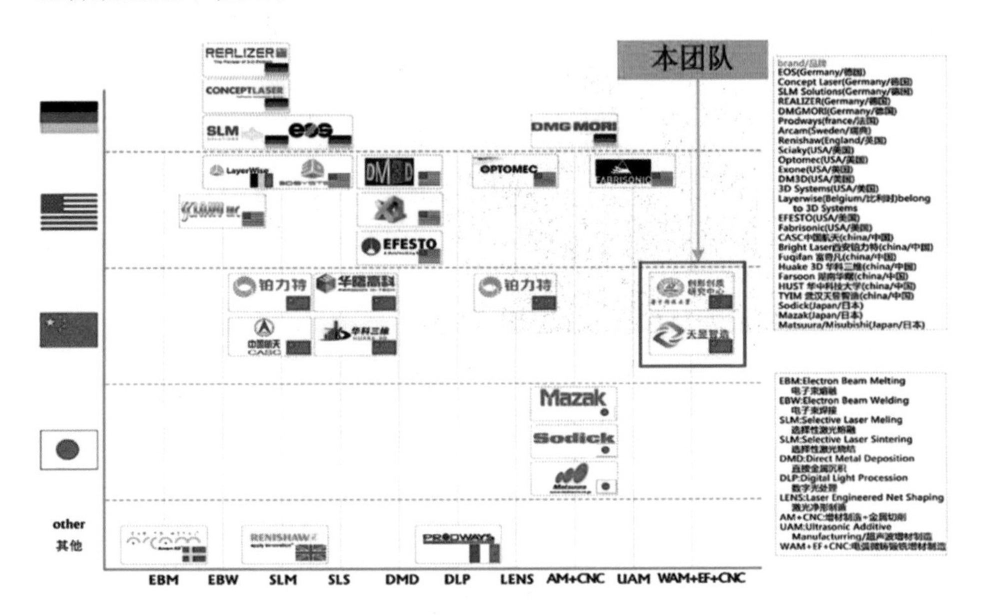

世界范围内金属增材制造信息图

（来源：3D 科学谷）

2014 年，张海鸥研发团队与中钢国际达成合作意向，筹备武汉天昱智能制造有限公司，推行铸锻铣一体化复合增材制造技术与装备的产业化。

2015 年，武汉天昱智能制造有限公司正式成立，张海鸥任总经理与首席科学家，王桂兰任总工程师。

2016 年，世界首台大型高端金属微铸锻铣复合增材制造装备建成投运。

2016 年，张海鸥主持国防科工局 JPPT 项目“飞机用钛合金×××增材制造技术研制”，王桂兰、符友恒、王湘平等参加。

2016 年，国务院副总理刘延东批示科技部部长万钢、党组书记王志刚调研武汉天昱公司。

世界首台商用微铸锻铣复合增材制造设备

2016年，国家航空航天工业部原部长林宗棠调研武汉天昱公司，题字“智能熔锻，科技重器”。

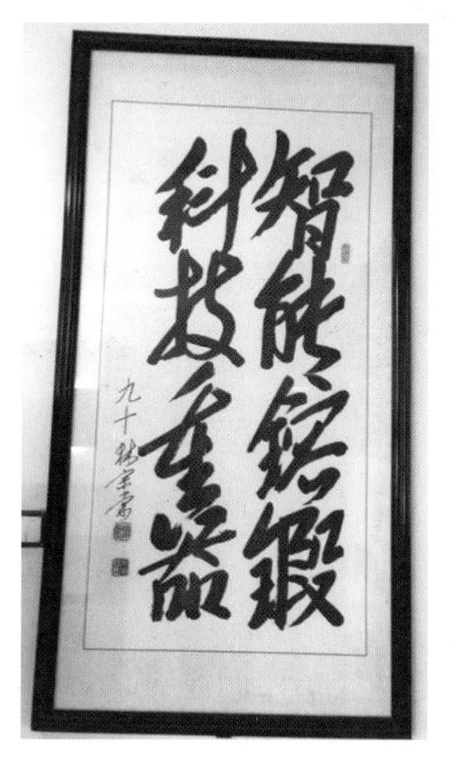

林宗棠为武汉天昱公司题字

2016年，中国工程院院长周济、华中科技大学校长丁烈云等考察武汉天昱公司。

周济、丁烈云等考察武汉天昱公司

左起：丁汉、丁烈云、王桂兰、周济、张海鸥、路钢、邵新宇

2016年，国内首件微铸锻铣复合增材制造舰船螺旋桨交付使用。

2017年，空中客车与武汉天昱公司签署科研合作协议。

空中客车与武汉天昱公司签署科研合作协议

左起：空客中国首席运营官 Francois Mery、武汉天昱公司董事长陆鹏程

2017年，张海鸥主持工信部民机重大专项“大型整体结构等离子弧/电弧增材制造工艺及装备技术”，王桂兰、王湘平、符友恒、李润声、张明波等参加。

2017年，张海鸥主持科工局JPPT项目“基于电弧微铸锻铣方法的×××研制”，王桂兰、王湘平、符友恒、唐尚勇、戴福生等参加。

2017年，自研微铸锻铣复合增材制造技术与装备获日内瓦发明展特别奖和金奖。

2017年，美国派专家与张海鸥教授团队交流，希望能够收购该项技术，但是为了民族发展与国家工业振兴以及科技进步，解决国外对国内的卡脖子难题，张海鸥教授毅然选择了拒绝。

2017年，研发团队所属“武汉市增材制造工程技术研究中心”正式获批建立。

2018年，首件微铸锻铣复合增材制造航空过渡段获得装机考核验证应用证明。

2018年，国内首件微铸锻铣复合增材制造深海核级高压泵试制成功。

2019年，王桂兰主持工信部04科技重大专项“复杂构件电弧—激光微铸锻铣磨复合制造工艺与装备”，张海鸥、符友恒、王湘平等参与。

2019年，自研微铸锻铣复合增材制造技术与装备荣获英国发明展双金奖。

2019年，微铸锻铣复合增材制造技术在船舶领域取得新突破，实现泵喷相关产品的批量化生产。

2019年，王湘平主持武汉市科技成果转化项目“微铸锻铣智能制造装备关键技术研究及产业化”，张海鸥、王桂兰、符友恒等参与。

2020年，张海鸥主持军委科技委基础加强项目“大型结构×××新工艺与装备”，王桂兰、符友恒、王湘平、宋豪等参与。

2020年，“金属微铸锻同步复合增材制造技术与装备”项目获湖北省技术发明奖一等奖，获奖人：张海鸥，王桂兰，钱应平，柏兴旺，周祥曼，王湘平。

2020年，工业和信息化部党组成员、副部长王江平一行走访武汉天昱公司。

2020年，“大型复杂高端零件微铸锻同步超短流程制造技术与装备”提名2020年度国家技术发明奖一等奖。

2020年，铸锻铣一体化金属3D打印关键技术被纳入国家限制出口技术（编号：183506X）。

2021年，自研“全新一代智能铸锻铣短流程绿色复合制造机床”建成投运。

2021年，国内首件微铸锻铣复合增材制造飞机用钛合金主承力构件试制成功。

2021年，“微铸锻铣磨复合制造工艺与装备”项目获“中国好技术”称号。

2021年，张海鸥研发团队入选湖北省创新创业战略团队C类，主要团队成员：王桂兰，符友恒，陈曦。

2021年，“大型复杂高端零件微铸锻同步超短流程快速制造技术及应用”项目获中国发明协会发明创业奖创新奖一等奖，获奖人：张海鸥，王桂兰，符友恒，杜宝瑞，唐尚勇，郝巨。

2022年，国内外增材制造整体起落架首次通过73吨极端使役条件极限静力考核。

2023年，全球权威增材制造行业调研报告*Wohlers Report* 2023报道了张海鸥团队自主独创的大型复杂锻件全气氛保护铸锻铣短流程绿色复合制造智能装备TY4000L。

2023年，铸锻铣一体化金属3D打印关键技术再次被纳入国家限制出口技术（编号：213506X）。

二十一、高水基液压传动技术研究

1983—1985 年，在黄树槐教授带领下，与机械一系液压教研室联合，承担机械工业部六五重点科技攻关规划项目“高水基液压传动技术研究”“HG-4 高水基微乳化液及液压元件对高水基介质适应性研究”，三项子课题于 1985 年 10 月通过机械工业部通用基础件局主持的鉴定，获机械工业部颁发科技进步奖二等奖。参与该项目研究的有金涤尘、卢怀亮、莫健华，金涤尘和莫健华负责研究摩擦学，卢怀亮负责研究液压基础零部件。

国家科技成果完成者证书

证书编号：003185

中华人民共和国国家科学技术委员会

项目名称：HG-4高水基微乳化液及其对液压元件的适应性研究

完成者：莫健华（第三完成人）

所属单位：华中理工大学

国家登记号：852490

登记日期：1987年8月

发证日期：1990年9月

国家科技成果完成者证书

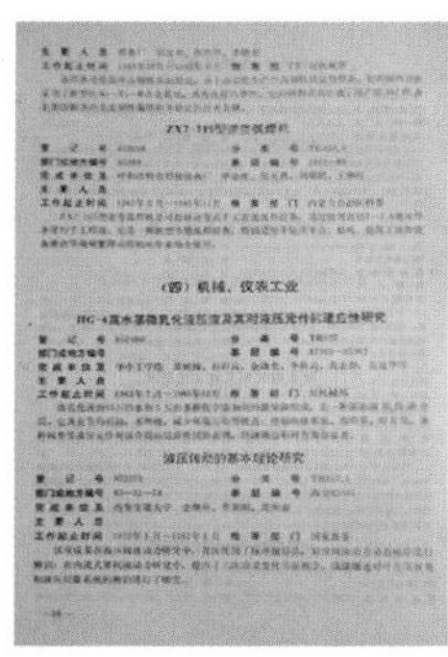

研究成果公报

试验研究装置

二十二、板材数字化渐进成形工艺及装备的研究

2000年，莫健华获得国家自然科学基金、教育部留学回国人员基金和科技部科技型中小企业创新基金的资助，开展“板材数字化渐进成形工艺及装备”的研究，研制了中国第一台数控板材渐进成形机，该机参加了北京第七届国际机床展。开发了渐进成形控制软件，研究了单点渐进成形工艺，采用多道次加工路径实现了直壁件的成形。采用神经网络技术控制板材成形的回弹，成功加工了汽车覆盖件。渐进成形技术及装备通过了湖北省科技厅组织的成果鉴定。发表相关论文20多篇，获得发明专利1项、实用新型专利1项。

数控板材渐进成形机在北京第七届国际机床展展出

渐进成形汽车座椅件

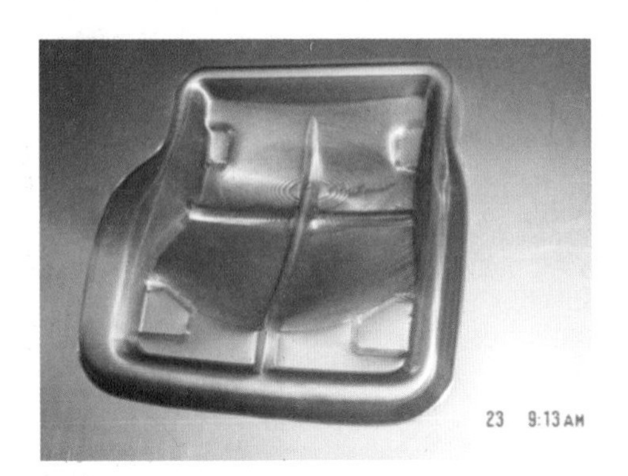

渐进成形卡通浮雕件

2007 年，莫健华与三一重工集团汽车起重机公司合作，研究了汽车起重机高强钢吊臂的渐进折弯成形工艺，研究成果应用于该公司 50 吨、100 吨汽车吊臂的实际生产线。

汽车吊臂渐进折弯成形制件

二十三、伺服压力机研发

2008 年，开展伺服压力机研发，在材料成形与模具技术国家重点实验室资助下，莫健华设计主机，张李超设计控制系统，开发了 10 kN 单滚珠丝杆直接传动式、1000 kN 双滚珠丝杆直接传动式伺服压力机。

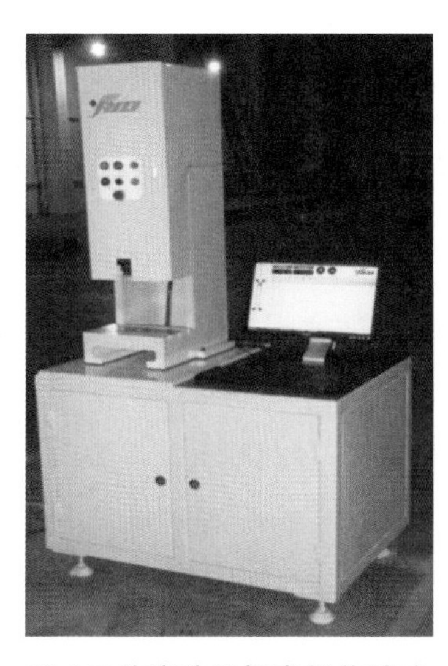

10 kN 单滚珠丝杆直接传动式伺服压力机

1000 kN 双滚珠丝杆直接传动式伺服压力机

2009—2011年，张宜生、莫健华、张李超、曹彪等在华中科技大学-WISCO和材料成形与模具技术国家重点实验室的项目资助下，为开发高强钢热冲压成形技术与装备，研发了2000 kN热冲压成形伺服试模生产线。由莫健华设计数字伺服压力机主机，张李超设计伺服控制系统，曹彪设计制造机械手卡爪，张宜生负责自动输送系统、箱式加热炉、热冲压工艺和模具设计以及总体设计，建成了世界第一条数字伺服热冲压试模生产线，开展了多个品种的高强钢板汽车部件热冲压成形工艺和模具研发，获得4项中国发明专利授权和多项实用新型专利。

伺服压力机、机器人和加热炉组成的热成形试验生产线

高强钢板热成形工件

二十四、基于微喷射粘结的铸型直接成形关键技术的基础研究

2014年至2017年，在国家自然科学基金重点项目的支持下，从微喷射3DP成形工艺入手，揭示了影响铸造型芯成形精度和强度的主要影响因素，研究了粘结剂流体在造型粉末层中的固化行为和渗透动力学特征、喷射微滴与粉末界面结合机理、粘结桥的形貌特征及形成机制、不同铺粉条件下造型粉体材料堆积特性、铺粉器与已成形粉末层之间力的相互作用特征。

该研究引入微波加热方式，实现了对水玻璃砂型的微喷射粘结快速成形。相比辐照加热方式，采用微波加热固化方式显著提高了水玻璃砂型微喷射粘结成形的精度（尺寸误差小于 0.2 mm）和强度（常温抗拉强度大于 0.9 MPa）。

该研究创新地提出了采用微纳米粉体分散液作为粘结剂的新思路，提高了微喷射粘结成形陶瓷型芯成形精度和强度，为减小微喷射粘结成形陶瓷型芯烧结收缩率提供了参考依据。采用水溶性酚醛树脂预混液配制微纳米陶瓷分散液，配制工艺操作简单，获得的微纳米陶瓷分散液均一、稳定，不易堵塞喷头。

微喷射粘结铸型直接成形
项目主持人叶春生教授（中）与同事们
右起：蔡道生（1）、陈柏金（2）、
王从军（3）、程立金（5）

微喷射粘结的铸型样件

该研究研制了新型铺粉装置以提高粉层致密度，并消除铺粉器对已成形粉体的压应力和切应力，同时可显著提高铺粉效率。

该研究已获得 4 项发明专利：① 一种低熔点金属零部件熔融挤出成形方法；② 一种随动下落式铺粉装置；③ 一种水玻璃砂型快速成形方法；④ 一种陶瓷型芯坯体的微喷射粘结成形方法。

发明专利证书

发明专利证书

发明专利证书

发明专利证书

专利证书

二十五、金属板材电磁脉冲成形研究

2010 年，莫健华开展“金属板材的电磁脉冲成形”研究，两次获国家自然科学基金资助，研制了 50kJ 电磁脉冲电源与成形机，研究了电磁脉冲渐进成形工艺。

板材电磁脉冲渐进成形机

电磁脉冲渐进成形件

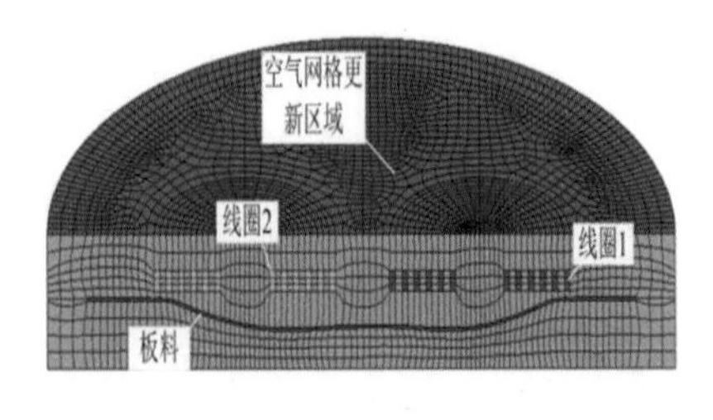

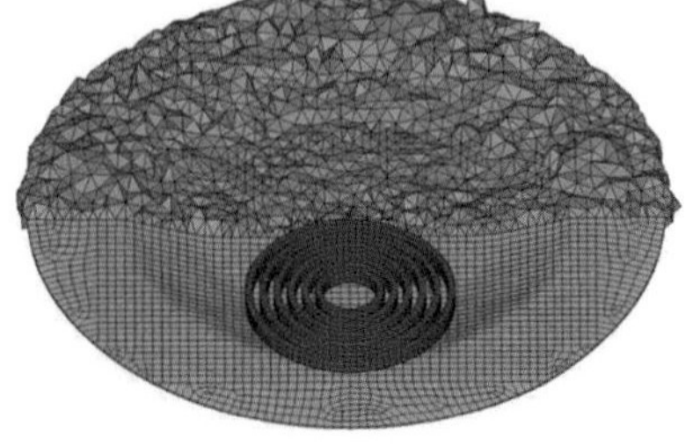

板材电磁脉冲渐进成形的有限元模拟

2011 年，李建军、莫健华、黄亮等参与电气学院脉冲强磁场中心主持的国家 973 计划项目，并由李建军牵头主持国家 973 计划课题。该研究课题基于塑性动力学理论及电磁胀环实验，揭示了电磁成形塑性动力学行为及微观作用机制，为电磁成形研究奠定理论基础；揭示了高速成形的位错多系滑移和缺陷演变规律，构建了基于晶体塑性力学及位错演化机制的修正 R-K 本构模型及缺陷演化模型；研发了三种电磁渐进成形工艺方法，并合作开发了 200kJ 电磁脉冲成形设备，探明了电磁成形对铝合金性能的影响规律，实现了大型板金件成形的形性一体化调控。研究获得了中国发明专利 6 项，实现了电磁脉冲辅助渐进拉深成形，圆筒件的拉深高度为传统拉深高度的 3 倍。

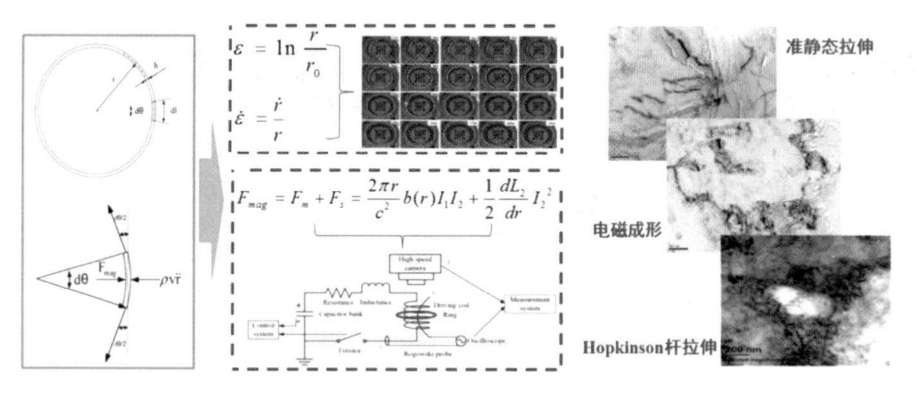

圆环电磁胀形塑性动力学分析过程　　不同变形方式下的铝合金位错结构

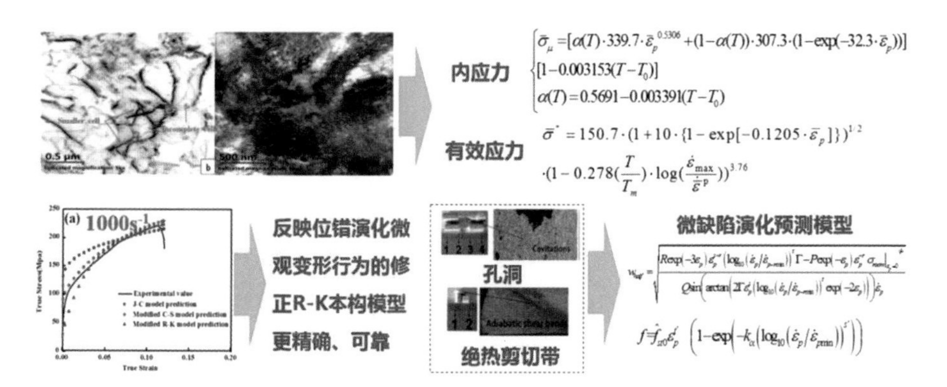

基于晶体塑性力学及位错演化机制的修正 R-K 本构模型及缺陷演化模型

电磁渐进成形实验装置

工艺方案	强度(MPa)	延伸率
固溶+单级时效+20%拉伸	423	9.6%
固溶+双级时效+20%拉伸	443	10.6%
固溶+单级时效+20%电磁成形	427	16.2%
固溶+双级时效+20%电磁成形	441	21%

不同电磁成形工艺对铝合金性能的影响

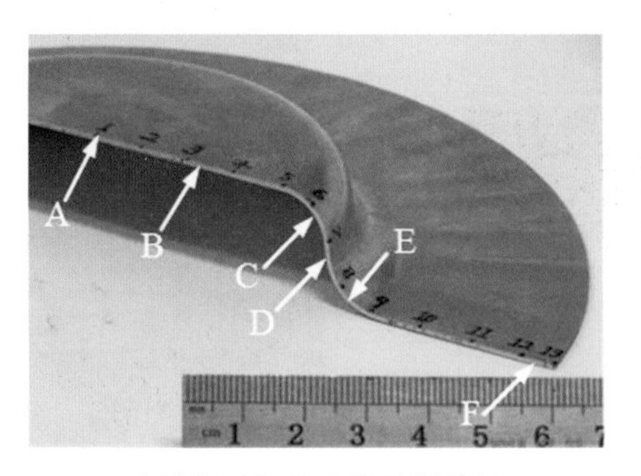

传统拉深工艺成形的圆筒件

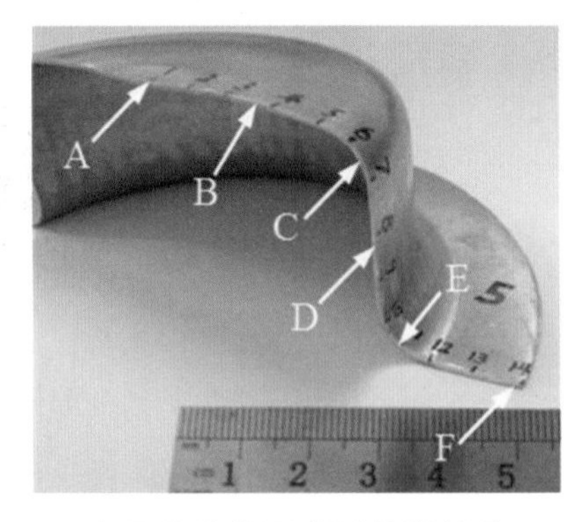

电磁脉冲拉深成形的圆筒件

附表一

获奖项目、获奖名称与获奖人

序号	日期	项目	获奖名称	获奖人
1	1978	630吨液压螺旋压力机 冷挤压工艺研究及应用 精密冲裁工艺 少无氧化加热技术与 精锻成形工艺	国家科学大会奖	黄树槐 肖景容 肖祥芷
2	1984	ZA81-63型多工位自动压力机及工艺装置	湖北省科委科技进步奖三等奖	骆际焕、赵松林、周士能
3	1979	7A04超硬铝合金多管火箭筒尾座闭式热精锻	国防军突出贡献	
4	1980	液压螺旋压力机高效率传动部件及液压系统	国家重大发明奖三等奖	黄树槐
5	1980	快速自由锻造液压机组微型机算机控制系统	国家技术开发优秀成果奖三等奖	黄树槐
6	1980	壶嘴竖式多工位液压机及工艺装置	武汉市创新奖	周士能、张爱庆
7	1984	100吨自动螺旋压力机	国家经委优秀新产品奖	蒋希贤
8	1984	400吨摩擦压力机	国家经委优秀新产品奖	黄树槐
9	1984	精冲模CAD/CAM	电子工业科技成果二等奖	肖景容、肖祥芷、李德群、李志刚、严泰
10	1984	转底式敞焰少无氧化加热炉	湖北省科技进步奖二等奖	肖景容、徐龙啸、黄遵遵、严泰、胡国安、夏巨谌、黄早文
11	1985	70—140 mm圆锥滚子轴承套圈冷挤压的研究	国家科技进步奖三等奖	肖景容

续表

序号	日期	项目	获奖名称	获奖人
12	1985	ZA81-63型多工位自动压力机及其工艺装置	国家教委优秀科技成果奖	骆际焕、赵松林、周士能
13	1985	JB53-400型400吨双盘分别驱动的摩擦压力机	湖北省科委成果奖一等奖	蒋希贤
14	1985	100吨自动螺动压力机（旋转式）	国家科技进步奖三等奖	蒋希贤
15	1986	锻压少无切削新技术研究	国家“六五”科技攻关表彰	肖景容、周士能、李尚健
16	1986	气液螺旋压力机	全国第二届发明展览会奖银牌	黄树槐、蒋希贤、陈国清
17	1986	冲裁模具计算机辅助设计与制造	全国计算机应用成果展览会奖二等奖	肖景容
18	1986	冷冲模CAD/CAM系统	机械工业部科技进步奖三等奖	肖景容、肖祥芷、李德群、李志刚、严泰、李亚农
19	1987	管接头多向模锻研究	湖北省科技进步奖二等奖	夏巨谌
20	1987	管接头多向模锻工艺及其装置	国家科技进步奖三等奖	肖景容、夏巨谌
21	1987	冷锻模具强度和寿命研究	机械部科技进步奖二等奖	周士能、邱文婷、陈志明、朱孝谦
22	1989	彩电冲裁模计算机辅助设计与制造	国家教委科技进步奖一等奖	肖景容、李志刚、肖祥芷
23	1989	自由锻造水压机微型计算机控制系统	国家教委科技进步奖二等奖	黄树槐
24	1991	金属塑性成型理论的研究	教育部科技进步奖一等奖	

续表

序号	日期	项目	获奖名称	获奖人
25	1993	模具计算机辅助设计方法与理论研究	国家教委科技进步奖二等奖	肖景容
26	1993	金属塑性成形过程的模拟理论	国家教委科技进步奖三等奖	肖景容
27	1993	多向精密精锻工艺及设备	湖北省科技进步奖一等奖	夏巨谌、胡国安
28	1994	彩电模具国产化 CAD/CAE/CAM 系统	湖北省机械工业第二届青年优秀科技成果奖一等奖	袁中双
29	1994	RD-W67K-125/3000 型板材折弯机加工单元	湖北省机械工业第二届青年优秀科技成果奖一等奖	陈宝萍
30	1995	汽车传动轴万向节叉垂直分模挤压模锻压工艺及模具	国家重大发明奖四等奖	夏巨谌、胡国安
31	1996	锻造液压机组计算机控	教育部科技进步奖二等奖	黄树槐
32	1996	汽车传动轴等关键零部件精密成形技术的研究与应用	国家自然科学基金委员会和美国通用汽车公司颁发 GM 中国科技成就奖一等奖	夏巨谌
33	1996	JB53-1600 型双盘分别驱动摩擦压力机	湖北省科委科技成果奖三等奖	陈国清、蒋希贤
34	1996	Z9W 武装直升飞机抗坠毁座椅吸能器翻卷管研究	国家教委科技进步奖二等奖	郭芷荣、黄早文、胡国安
35	1997	8MN 快速锻造机组	国家科技进步奖二等奖	李从心

续表

序号	日期	项目	获奖名称	获奖人
36	1997	CIMS应用工程与汽车覆盖件模具CAD/CAPP/CAM系统	机械工业部科技进步奖二等奖	李志刚、王耕耘、王义林、董湘怀
37	1997	锻造液压机组计算机控制技术	国家教委科技进步奖二等奖	黄树槐
38	1998	汽车半轴摆辗成型工艺应用	国家教委科技进步奖三等奖	夏巨谌、胡国安
39	1998	汽车覆盖件模具CAD/CAPP/CAM系统	国家自然科学基金委员会和美国通用汽车公司颁发GM中国科技成就奖一等奖	李志刚
40	1998		宝钢优秀教师奖	李德群
41	1999	集成制造在企业中的开发与应用	美国机械工程协会颁发SME颁发的大学领先奖	李志刚
42	1999	塑性成型设备计算机控制技术	国家教育部科技进步奖二等奖	黄树槐
43	1999	1600吨液压螺旋压力机	教育部科技进步奖三等奖	卢怀亮
44	1999	冲压成形模拟及冲模CAD理论与方法	教育部科技进步奖二等奖	肖祥芷、李志刚、李建军
45	1999	汽车半轴摆辗成形工艺应用	湖北省科技进步奖三等奖	夏巨谌、胡国安
46	2000	HMCAD级进模CAD/CAM集成系统	教育部科技进步奖二等奖	李建军、肖祥芷、温建勇
47	2000	薄材叠层快速成型技术及系统	湖北省科技进步奖一等奖	黄树槐

续表

序号	日期	项目	获奖名称	获奖人
48	2001	华中Ⅰ型数控系统	国家科技进步奖二等奖	周济、黄树槐
49	2001	薄材叠层、选择性激光烧结快速成形技术及系统	国家科技进步奖二等奖	黄树槐
50	2001	十字轴径向挤压成套设备的研制	湖北省科技进步奖一等奖	黄树槐、夏巨谌、骆际焕、陈国清、胡国安、王英、李季
51	2001	纸叠层快速成形机的送收纸机构	知识产权局中国专利优秀奖	肖跃加、黄树槐、韩明、马黎、禹世昌、黄奇葵
52	2002	塑料注射成形过程仿真系统的开发和应用	教育部科技进步奖一等奖	李德群
53	2003	塑料注射成形过程仿真系统的开发和应用	国家科技进步奖二等奖	李德群
54	2003		湖北省教育系统教书育人先进个人	夏巨谌
55	2004		首届湖北省自然科学基金创新群体	快速制造关键技术研究团队
56	2004		何梁何利基金科学与技术进步奖	黄树槐
57	2005	粉末材料激光快速成形技术及研究	湖北省科技进步奖一等奖	史玉升
58	2005	材料学科复合型创新人才培养体系的建立与实践	湖北省教学成果一等奖	李德群
59	2006	材料成形过程模拟技术及其应用	湖北省科技进步奖一等奖	李德群

续表

序号	日期	项目	获奖名称	获奖人
60	2006	生态农业滴灌关键部件快速低成本开发方法及其系列产品	湖北省科学技术发明奖二等奖	史玉升、魏青松、黄树槐、刘洁
61	2006	HW 系列新型结构滴灌产品的研制与应用	高校科学技术进步奖二等奖	史玉升、魏青松、黄树槐、刘洁、张李超、蔡道生、文世峰
62	2007	材料成形过程模拟技术及其应用	国家科技进步奖二等奖	李德群、陈立亮、柳玉起
63	2007	复杂环件精密轧制技术	湖北省科技进步奖一等奖	李志刚
64	2007	16MN 快速锻造液压机组	中国机械工业科学技术二等奖	陈柏金
65	2007	“材料加工工程”课程	国家精品课程	李德群
66	2007	“材料成型及控制工程”专业	湖北省高校本科品牌专业	
67	2007	模具生产过程的动态优化调度技术及应用	教育部科技进步奖二等奖	李建军、王义林、郑志镇、王耕耘、王华昌、肖祥芷、易平
68	2008	汽车零件精锻成形技术及关键装备的开发与应用	湖北省科技进步奖一等奖	夏巨谌、胡国安、王新云、金俊松
69	2008	快速锻造液压机组关键技术研究及应用	教育部科技进步奖一等奖	陈柏金
70	2008	16MN 快速锻造液压机组	甘肃省科技进步奖一等奖	陈柏金

续表

序号	日期	项目	获奖名称	获奖人
71	2009	材料成型及控制工程专业	国家级教学团队	
72	2009	材料加工工程课程	国家级教学团队	李德群
73	2010		中国发明协会第五届“发明创业奖”特等奖，“当代发明家”荣誉称号	史玉升
74	2010	塑料的复合结构、注射成型过程与机械破坏行为的研究	国家自然科学奖二等奖	李德群
75	2010	基于知识的模具设计、制造与管理技术及应用	湖北省科技进步奖一等奖	李建军
76	2010		全国优秀科技工作者	李德群
77	2010	自抗堵滴灌灌水器设计及快速开发成套技术研究	国家优秀博士论文提名奖	魏青松
78	2010	轿车后横向稳定杆左右固定板总成	湖北省科技进步奖三等奖	夏巨谌、胡国安
79	2011	选择性激光烧结成形装备与工艺	国家技术发明奖二等奖	史玉升、闫春泽、文世峰、蔡道生、张李超、黄树槐
80	2011	环类零件精密轧制关键技术与装备	国家科技进步奖二等奖	李志刚
81	2011	基于面结构光的复杂形面高效精密三维测量关键技术、设备及应用	教育部科技进步奖一等奖	史玉升等
82	2011	45MN 快速锻造液压机组研制	中国机械工业科学技术奖二等奖	陈柏金
83	2011	抢战精锻成型技术及关键装备制高点	中国高校产学研合作十大优秀案例	夏巨谌

续表

序号	日期	项目	获奖名称	获奖人
84	2012	45MN 快速锻造液压机组研制	甘肃省科技进步奖一等奖	陈柏金
85	2012	全闭环高精度伺服折弯机的研发与应用	湖北省科技进步奖一等奖	金俊松
86	2012	塑料注射机智能技术及应用	教育部技术发明奖一等奖	李德群
87	2013	J58K 系列数控电动螺旋压力机的研发与应用	湖北省科技进步奖二等奖	熊晓红
88	2013	高性能复杂零件高速加工与快速三维测量	机械工业科学技术奖一等奖	史玉升
89	2013	大型复杂精密冲压模具优化设计制造关键技术及其应用	机械工业科学技术奖一等奖	李建军、柳玉起等
90	2014	多工位精锻技术及其装备的研发及应用	机械工业联合会一等奖	王新云、夏巨谌、金俊松
91	2015	高性能复杂零件的增材铸造复合整体成形技术及应用	机械工业科学技术奖一等奖	史玉升、周建新
92	2015	多激光束金属熔化增材制造设备研制及工程应用	中国航天科技集团公司科学技术奖二等奖	史玉升、魏青松、文世峰
93	2016	轴类件多工位精锻技术及关键装备的研发与应用	国家技术发明奖二等奖	王新云、夏巨谌、金俊松
94	2016	金属基复合材料的激光制备与成形一体化技术	湖北省技术发明奖一等奖	史玉升
95	2016	多激光束金属熔化增材制造设备研制及工程化应用 2016 年	上海市科学技术奖二等奖	史玉升、魏青松

续表

序号	日期	项目	获奖名称	获奖人
96	2017	大吨位高性能低能耗全自动液压精冲机的研发及产业化	中冶集团科学技术进步奖一等奖	史玉升、张李超、黄重九
97	2018	复杂零件整体铸造的型（芯）激光烧结材料制备与控形控性技术	国家科技进步奖二等奖	史玉升
98	2018	汽车齿轮精锻成形工艺及装备	中国产学研合作创新成果奖	金俊松、邓磊、龚攀、王新云、夏巨谌
99	2019	塑料注射成形过程形性智能调控技术及装备	国家科技进步奖二等奖	周华民
100	2019	3D打印聚合物及其复合粉材和丝材的制备与成形技术	中国产学研创新成果奖二等奖	闫春泽、史玉升、文世峰、李中伟、张李超
101	2019	多种材料电弧熔丝增材制造技术及在热锻模制造/再制造中的应用	机械工业科学技术发明奖二等奖	史玉升、李中伟、张李超、钟凯
102	2020	热模锻件在线自动化三维测量技术及装备	中国机械工业科学技术奖一等奖	李中伟、史玉升
103	2020	自动化热模锻生产线关键技术的自主研发与产业化	湖北省科技进步奖一等奖	史玉升等
104	2020	激光选区熔化增材制造致密化机理及组织性能调控原理	湖南省自然科学奖二等奖	史玉升
105	2020	一种适用于水溶性丝材的变螺距双螺旋风冷装置	中国专利优秀奖	闫春泽、史玉升、魏青松、刘洁

续表

序号	日期	项目	获奖名称	获奖人
106	2020	金属微铸锻同步复合增材制造技术与装备	湖北省技术发明奖一等奖	张海鸥、王桂兰、钱应平、柏兴旺、周祥曼、王湘平
107	2020	飞机起落架高强钢大型构件模锻成形技术与应用	中国发明协会发明创业奖·成果奖一等奖	黄亮、郑志镇、邓磊、李建军、张茂
108	2020	模具智能化设计制造关键技术及应用	中国产学研合作促进会中国产学研合作创新成果奖一等奖	李建军、柳玉起、章志兵、王华昌、郑志镇
109	2021	大型复杂高端零件微铸锻同步超短流程快速制造技术及应用	发明协会发明创业奖创新奖一等奖	张海鸥、王桂兰、符友恒、杜宝瑞、唐尚勇、郝巨
110	2021	性能区域可调控的金属材料激光选区熔化增材制造技术及应用	中国有色金属工业科学技术奖（技术发明）一等奖	文世峰、史玉升
111	2021	激光增材制造专用高强度铝合金材料研发与应用	中国有色金属工业技术发明奖一等奖	史玉升
112	2021	增材制造高性能金属材料—结构设计制造与应用人	生产力促进奖二等奖	宋波、文世峰、史玉升
113	2022	一种C/C-SiC复合材料零件的制备方法及其产品	中国专利优秀奖	闫春泽、朱伟、史玉升
114	2022	多材料激光粉床增材制造技术	湖北省技术发明奖二等奖	宋波、文世峰
115	2022	材料—结构一体化激光选区熔化技术及应用	机械工业技术发明奖二等奖	宋波、文世峰、史玉升
116	2023		全国创新争先奖状	史玉升

附表二

出版的教材与专著

序号	日期	名称	出版单位	编著人
1	1974	冷冲压工艺	华中工学院出版社	周士能、肖祥芷
2	1976—1978	机械传动及曲柄压力机	人民教育出版社	黄树槐、王运赣、陈敏卿、车荷香、赵国钦
3	1981	冷冲压模具设计	标准化所	周士能、冯炳尧、陶成燕
4	1985	精密模锻	机械工业出版社	肖景容、周士能、徐龙啸、吴安、李尚健、夏巨谌
5	1985	APPLE Ⅱ PLUS 微型计算机使用指南和程序设计	华中理工大学出版社	周迪勋、王运赣
6	1988	锻压设备的计算机控制	华中理工大学出版社	王运赣、田亚梅、阮绍骏
7	1988	板料冲压	华中工学院出版社	肖景容、周士能、肖祥芷
8	1989	GP-IB 通用接口与自动测试系统	科学出版社	张宜生、王运赣
9	1990	模具设计（二）（热加工组）	机械工程师进修大学出版社	夏巨谌、黄遵循、郭芷荣
10	1990	模具计算机辅助设计	华中理工大学出版社	李志刚
11	1990	模具计算机辅助设计与制造	国防工业出版社	肖景容、严泰、江复生、肖祥芷、李志刚、李德群

续表

序号	日期	名称	出版单位	编著人
12	1991	锻造工艺及模具设计资料	机械工业出版社	李尚健、黄早文、夏巨谌、黄遵循、严泰、余志勇、王建民
13	1991	闭式精锻	机械工业出版社	夏巨谌、丁永祥、胡国安
14	1991	Computer Applications in Near Net-Shape operations	Springer	A. Y. C Nee、S. K Ongand、王运赣、李尚健、李德群、夏巨谌、李志刚、丁永祥
15	1991	系统动力学	华中理工大学出版社	王运赣、王紫薇
16	1992	模具 CAD 教学软件		李志刚、李建军、王耕耘、李德群
17	1995	板料冲压	华中理工大学出版社	肖景容、周士能、肖祥芷
18	1999	快速成形技术	华中理工大学出版社	王运赣
19	2001	计算机网络与数据库技术及其工业应用	机械工业出版社	张宜生、张乐福、梁书云
20	2001	塑性成形工艺及设备	机械工业出版社	夏巨谌
21	2002	实用钣金工	机械工业出版社	夏巨谌
22	2003	中国模具设计大典	江西科学技术出版社	总主编：夏巨谌、李志刚 分卷主编：李志刚、李德群、肖祥芷、夏巨谌
23	2003	快速模具制造及其应用	华中科技大学出版社	王运赣

续表

序号	日期	名称	出版单位	编著人
24	2004	材料成形工艺	机械工业出版社	夏巨谌、张启勋
25	2005	现代塑料注射成型的原理与方法	上海交通大学出版社	李德群
26	2005	钣金工手册	化学工业出版社	夏巨谌
27	2005	模具设计基础及模具 CAD	机械工业出版社	李建军、李德群
28	2005	材料成形计算机模拟	机械工业出版社	董湘怀
29	2005	模具 CAD/CAM	机械工业出版社	李志刚、李德群、李建军、王耕耘
30	2006	快速成形技术（高级）	中国劳动社会保障出版社	李宝、王运赣
31	2006	快速成形技术（技师）	中国劳动社会保障出版社	郭书安、王运赣
32	2006	快速模具设计与制造技术（高级）	中国劳动社会保障出版社	王宣、王运赣
33	2006	快速模具设计与制造技术（技师）	中国劳动社会保障出版社	王运赣
34	2006	快速成形及快速制模	电子工业出版社	莫健华
35	2006	中国材料工程大典	化学工业出版社	胡正寰、夏巨谌
36	2006	模具计价手册	机械工业出版社	张祥林
37	2006	锻模设计手册（共 5 卷）	机械工业出版社	夏巨谌
38	2006	中国材料工程大典第 20 卷	化学工业出版社	胡正寰、夏巨谌
39	2006	中国材料工程大典第 21 卷	化学工业出版社	胡正寰、夏巨谌
40	2007	金属塑性成形工艺及模具设计	机械工业出版社	夏巨谌
41	2007	中国模具工程大典第 1 卷	电子工业出版社	李志刚
42	2007	中国模具工程大典第 2 卷	电子工业出版社	熊唯皓、周理
43	2007	中国模具工程大典第 3 卷	电子工业出版社	李德群

续表

序号	日期	名称	出版单位	编著人
44	2007	中国模具工程大典第 4 卷	电子工业出版社	肖祥芷、王孝培
45	2007	中国模具工程大典第 5 卷	电子工业出版社	夏巨谌
46	2007	中国模具工程大典第 7 卷	电子工业出版社	潘宪曾、黄乃瑜
47	2007	中国模具工程大典第 8 卷	电子工业出版社	黄乃瑜、万仁芳、董选普
48	2009	微滴喷射自由成形	华中科技大学出版社	王运赣、张祥林
49	2009	快速成形在生物医学工程中的应用	人民军医出版社	张富强、王运赣、孙健
50	2010	高分子材料成型工艺	化学工业出版社	史玉升等
51	2011	冲压工艺学	机械工业出版社	肖景容、姜奎华
52	2012	三维打印自由成形	机械工业出版社	王运赣、王宣、孙健
53	2012	功能器件自由成形	机械工业出版社	王运赣、王宣
54	2012	自由成形技术	机械工业出版社	金烨、王运赣
55	2012	金属精密塑性加工工艺与设备	冶金工业出版社	王新云
56	2012	激光制造技术	机械工业出版社	史玉升等
57	2012	粉末材料选择性激光快速成形技术及应用	科学出版社	史玉升等
58	2013	三维打印技术	华中科技大学出版社	王运赣、王宣
59	2013	液态树脂光固化增材制造技术	华中科技大学出版社	莫健华
60	2013	增材制造技术系列丛书	华中科技大学出版社	史玉升等
61	2013	闭式模锻	机械工业出版社	夏巨谌、王新云
62	2014	3D 打印技术	华中科技大学出版社	王运赣、王宣
63	2014	Advanced High Strength Steel and Press Hardening (ICHSU 2014)	瑞士 TTP（Trans Tech Publications Inc.）	Mintu Ma，Yisheng Zhang（马鸣图 、张宜生）

续表

序号	日期	名称	出版单位	编著人
64	2016	三维测量技术及应用	西安电子科技大学出版社	李中伟
65	2016	黏结剂喷射与熔丝制造3D打印技术	西安电子科技大学出版社	王运赣、王宣
66	2016	选择性激光烧结3D打印技术	西安电子科技大学出版社	沈其文
67	2016	选择性激光熔化3D打印技术	西安电子科技大学出版社	陈国清
68	2016	液态树脂光固化3D打印技术	西安电子科技大学出版社	莫健华
69	2016	Advanced High Strength Steel and Press Hardening（ICHSU 2015）	World Scientific Publishing，Singapore.	Yisheng Zhang，Mintu Ma（张宜生、马鸣图）
70	2017	Advanced High Strength Steel and Press Hardening（ICHSU 2016）	World Scientific Publishing，Singapore.	Yisheng Zhang，Mintu Ma（张宜生、马鸣图）
71	2018	复杂金属零件热等静压整体成形技术	华中科技大学出版社	史玉升、魏青松、薛鹏举、宋波、周建新、蔡超、滕庆
72	2019	Advanced High Strength Steel and Press Hardening（ICHSU 2018）	World Scientific Publishing，Singapore.	Yisheng Zhang，Mintu Ma（张宜生、马鸣图）
73	2019	3D打印材料	华中科技大学出版社	史玉升、闫春泽
74	2019	激光选区烧结3D打印技术	华中科技大学出版社	闫春泽、史玉升、魏青松
75	2019	3D打印数据格式	华中科技大学出版社	张李超

续表

序号	日期	名称	出版单位	编著人
76	2019	高分子材料3D打印成形原理与实验	华中科技大学出版社	闫春泽、文世峰、伍宏志、史玉升
77	2019	高分子材料3D打印成形原理与实验	华中科技大学出版社	闫春泽、文世峰、伍宏志、史玉升
78	2019	铝合金精锻成形技术及设备	国防工业出版社	夏巨谌、邓磊、王新云
79	2020	3D打印技术概论	化学工业出版社	杨继全、李涤尘、史玉升
80	2020	3D打印聚合物材料	化学工业出版社	闫春泽、郎美东、连芩、傅轶
81	2020	金属基复合材料3D打印技术	华中科技大学出版社	宋波、文世峰、魏青松等
82	2020	Selective laser melting for metal and metal matrix composites	Elsevier Academic Press	Bo Song, Shifeng Wen, Chunze Yan, Qingsong Wei, Yusheng Shi
83	2021	Advanced High Strength Steel and Press Hardening (ICHSU 2020)	Inno Science Press, Singapore.	Yisheng Zhang, Mintu Ma（张宜生、马鸣图）
84	2021	Materials for Additive Manufacturing	Elsevier Academic Press	Yusheng Shi, Chunze Yan, Yan Zhou, Jiamin Wu, Yan Wang, Shengfu Yu（史玉升、闫春泽、吴甲民、余胜甫、陈颖）

续表

序号	日期	名称	出版单位	编著人
85	2021	Selective Laser Sintering Additive Manufacturing Technology	Elsevier Academic Press	Chunze Yan, Yusheng Shi, Li Zhaoqing, Shifeng Wen, Qingsong Wei（闫春泽、史玉升、文世峰、魏青松）
86	2021	Triply Periodic Minimal Surface Lattices Additively Manufactured by Selective Laser Melting	Elsevier Academic Press	Chunze Yan, Liang Hao, Lei Yang, Philippe Young, Zhaoqing Li, Yan Li（闫春泽）
87	2021	特种聚合物聚醚醚酮的激光增材技术	国防出版社	闫春泽、陈鹏、苏瑾、汪艳、蔡昊松、王浩则、文世峰、史玉升
88	2022	微铸锻铣复合超短流程制造	科学出版社	张海鸥等
89	2023	增材制造技术	清华大学出版社	史玉升等
90	2023	快速锻造液压机组——结构、原理、控制与案例	机械工业出版社	陈柏金
91	2023	Advanced High Strength Steel and Press Hardening (ICHSU 2022)	Atlantis Press International BV, Springer Nature	Yisheng Zhang, Mintu Ma（张宜生、马鸣图）

附表三

举办的学术会议

序号	日期	会议名称	会议主席
1	1982	微处理机在锻压生产中的应用学术会议	
2	1991	第五届全国锻压学术年会	黄树槐
3	2002	第七届全国塑性加工理论学术会议	李志刚
4	2003	全国注塑成型模拟及模具智能设计技术会议	李德群
5	2004	全国注塑成型模拟及模具智能设计技术会议	李德群
6	2006	全国先进材料成形与模具技术会议	李德群
7	2010	The 7th International Conference on Advanced Molding and Materials Processing Technology	李德群
8	2010	The 10th Asia-Pacific Conference on Engineering Plasticity and Its Applications	李德群
9	2010	第四届全国精密锻造学术研讨会	李建军
10	2010	亚太塑性工程国际会议	李建军
11	2011	中国机械工程学会年会—塑性加工理论与计算机技术应用专题研讨会	李建军
12	2011	第一届塑性加工前沿与创新研讨会	李建军
13	2019	第十三届泛珠三角（扩大）塑性工程（锻压）学术会议	王新云
14	2017—2022	连续六届“4D打印技术论坛”	史玉升
15	2021	第一届中国陶瓷增材制造前沿科学家论坛	吴甲民
16	2023	第二届中国陶瓷增材制造前沿科学家论坛	史玉升

第六章 党的建设 不忘初心

（1）1960 年，肖祥芷、周耀尊、王运赣和毛建民等 4 名党员毕业生加入教研室，建立第一届党支部，肖祥芷为第一任党支部书记，此后，王运赣任党支部书记，肖振球任党支部副书记，直到 1966 年“文化大革命”时期。1971—1981 年，1985—1989 年，夏巨谌任党支部书记。1982—1984 年，陈国清任党支部书记。教研室党支部多次被评为校、系先进党支部，还曾被评为省文教卫系统优秀党支部。教研室党支部多次在本系和校内其他系介绍工作经验，并应武汉水利电力学院党委组织部邀请去介绍党建工作先进事迹。

（2）在锻压教研室先后入党的有肖景容、黄树槐、周士能、李尚健、何永标、黄遵循、骆际焕、尹自荣、金涤尘、田亚梅、严泰、卢怀亮、李德群、胡国安、陈志明、戴望保等。

（3）夏巨谌于 1989 年获中共中央组织部颁发的“全国优秀党务工作者荣誉证书”，1989 年获中共湖北省委颁发的“中共湖北省优秀党务工作者荣誉证书”，2003 年获中共湖北省委高校工委、湖北省教育厅、湖北省教育工会授予的“湖北省教育系统教书育人先进个人”。

（4）2021 年建党 100 周年前夕，锻压教研室党员夏巨谌、肖祥芷和王运赣获得在党五十年纪念章。

在党五十年纪念章获得者合影

夏巨谌（前排左 2）

肖祥芷获在党五十年纪念章

左起：胡国安（退休党支部书记）、肖祥芷、袁新华（材料学院副院长）

王运赣获在党五十年纪念章

（5）在老教师、老党员的带领下，锻压教研室一贯坚持团结、奋进，不计较个人名利，不忘初心，形成团结坚强的集体，在当时的机械二系传为佳话。

团结、奋进的“一家人”　为尊敬的领路老前辈祝寿

左起第一排：陈国清、肖祥芷、何永标、肖景容、郭芷荣、周士能、李尚健、李爱珍

左起第二排：李建军（1）、邱文婷（3）、李志刚（4）、孙友松（5）、李德群（6）、严泰（7）、黄早文（8）、周来英（9）、陈志明（10）

（6）在教书育人、科学研究、实验室建设、师资队伍建设和党政工作方面成绩突出。一是加入党组织的教师占到教研室教职工人数的

90%以上；二是自1988—1993年终身享受国务院政府特殊津贴的有肖景容、黄树槐、蒋希贤、王运赣、肖祥芷、夏巨谌、李志刚、李德群共8人。据当时机械二系党总支人事干事张日华的统计，1993年前全系共有16名中老年教师享受政府特殊津贴，锻压专业有8名，占全系的一半。张日华说，每年年终校人事处作全年人事工作总结时，机械二系总支总受表扬，而锻压总是典型。锻压教研室教授占全系教授的比例也最大。锻压教研室气氛和谐，一派欣欣向荣的景象，有着很强的凝聚力。因此，1970年前后，金工教研室解散时，教师都想加入锻压教研室，贺经平、阮绍骏、陈国清原来就同锻压设备组合作，而徐龙啸、周耀尊教的课程是“加热炉”和“锻造工艺学”，很自然地就加入锻压教研室工艺组。

第七章 国际合作显风范

20世纪80年代，锻压教研室十分重视与国外著名大学和企业的合作，多次接待外国专家，洽谈合作事宜。随着改革开放的深入发展，许多教师和研究生出国参加学术会议，访问国外的大学、研究机构和相关企业，与国外同行建立了广泛的联系，开展了卓有成效的合作，提高了本学科的知名度和国际影响力。

（1）1984年，邀请英国牛津大学K. A. Knight博士来校讲学一个月，主题为模具计算机辅助设计。

接待外国专家K. A. Knight

左起第一排：夏巨谌（1）、肖景容（3）、王运赣（5）、肖祥芷（6）

左起第二排：李德群（2）、李志刚（4）、严泰（5）、江复生（6）

（2）与乌克兰基辅工学院和莫斯科鲍曼工学院建立合作关系，多次组织教师赴上述苏联大学访问，邀请苏联学者来我校进行学术交流。

接待外国专家

左起：陈国清（1）、周士能（2）

访问鲍曼工学院

左起：王运赣（1）、周士能（3）、夏巨谌（6）

访问基辅工学院

右起：周士能、陈国清

周士能老师（左2）和来访苏联专家交流

接待苏联专家

右起：沈其文（1）、彭珂（3）、陈国清（4）

（3）1985年，黄楠、李从心、莫健华、李壮云在浙江大学出席国际流体传动及控制学术会议。

在浙江大学出席国际流体传动及控制学术会议

左起：黄楠、李从心、莫健华、李壮云

（4）1990 年，何永标老师与校友孙友松在成都出席国际流体传动及控制学术会议。

在成都出席国际流体控制与机器人学术会议

左起：何永标、孙友松

（5）王运赣陪同黄树槐校长访问德国著名锻压机械制造厂，考察先进锻锤减震基础技术。黄树槐校长率团访问英国剑桥大学、伯明翰大学、利物浦大学和 SPI 公司。

访问英国剑桥大学

左起：蔡道生、黄树槐、史玉升、沈其文、陈国清

访问英国利物浦大学

访问英国伯明翰大学

左起：陈国清、沈其文、蔡道生、黄树槐

参观 SPI 公司实验室

（6）时任校长黄树槐多次访问日本和韩国大学。

1992 年黄树槐校长访问日本

1986 年黄树槐校长访问日本并发表演讲

日本东洋大学授予黄树槐校长
名誉博士学位仪式

1992 年黄树槐校长出访韩国，
会见韩国岭南大学代表

1992 年黄树槐校长访问日本

（7）李从心与芬兰坦佩雷大学合作，共同指导博士研究生。

李从心（左）任芬兰坦佩雷大学博士答辩委员

（8）1990 年参加第三届国际塑性加工会议，并访问东京工业大学。

参加第三届国际塑性加工会议

肖祥芷（前左 1）、金大庆（后左 2）、李志刚（后左 3）

（9）1993 年参加第四届国际塑性加工会议。

参加第四届国际塑性加工会议

左起：李志、董湘怀、李志刚、童枚、钟江鸿

（10）1992 年，为进一步增强国际合作，肖景容教授率领王运赣、肖祥芷参加在新加坡举行的国际模具会议，在会上认识了会议主席、新加坡 KINERGY 公司董事长林国才，成功达成合作协议，会后在武汉建立了凯华模具制造公司，中新合作生产先进模具。此后，派遣了一批师生赴新加坡，与新加坡国立大学、南洋理工大学和 KINERGY 公司进行科研合作，共同编写出版著作 *Computer Applications in Near Net-Shape Operations*（Springer 出版社），研制快速成形机，共同申请国际专利。

参加新加坡国立大学倪亦靖教授领导的智能级进模 CAD 系统研究并获 2002 年度新加坡国际技术奖

蒋日东（左 2）、张祥林（右 4）、颜利（右 1）

与新加坡国立大学、KINERGY 公司合作申报获批专利：

1998 年，中国台湾发明专利，发明第 097677 号；

中国实用新型专利，ZL 98 2 09076. 5；

中国实用新型专利，ZL 99 2 12349. 6；

中国实用新型专利，ZL 99 2 13351. 3。

2003年获美国专利，US 6621039 B2，Method and Apparatus for Creating a Free-Form Three-Dimensional Metal Part Using High-Temperature Direct Laser Melting。

1996年，新加坡《联合早报》头版头条刊登文章和大幅照片，称赞中新合作成果，报道华中理工大学团队与KINERGY公司联合开发成功的快速成形机，称这项成果是“神州科技，开花狮城”，这种“快速成形机国际公认世界一流”。

南洋·星洲
联合早报
星期刊
LIANHE ZAOBAO
SUNDAY EDITION
MW Professional Care
网际网络 http://www.asia1.com.sg/zaobao/
府六年内拨款11亿
造或翻新57所学校
全：小一到大学每名学生获11万余元教育津贴
教育部5阶段建校计划
每名新加坡人 不同阶段所获教育津贴
现有小一报名制度
神州科技，开花狮城
纸制模具，神乎其神

新加坡《联合早报》称赞中新合作成果

（11）1999—2004年，与美国通用汽车公司开展铝合金板料成形的合作研究。

（12）2000年3月，日本工业大学村川正夫教授访问华中理工大学，进行学术交流。

李志刚（左 1）和王义林（右 1）到美国通用汽车公司交流研究项目

美国通用汽车公司高级研究员、美国工程院院士来校交流研究项目

董静宇（右 1）、李志刚（右 2）、王新云（左 1）

黄树槐教授夫妇陪同村川正夫教授夫妇一行游览东湖风景区

左起：野口（1）、村川正夫（4）、黄树槐（5）、莫健华（6）

（13）2000年、2007年，快速成形中心人员两次访问日本工业大学和冈野公司。

参观日本工业大学3D打印实验室

右起：肖跃加、莫健华、韩明、野口

访问冈野公司

左起第一排：韩明（1）、冈野公司社长（2）、莫健华（3）

左起第二排：肖跃加（1）、吕言（2）、李季（4）

（14）2001年，与美国UGS公司合作开发基于知识的三维级进模CAD/CAM系统——Progressive Die Wizard。

（15）2007年，材料学院院长陈立亮率团访问英国伯明翰大学，与吴鑫华教授洽谈合作。

（16）2008年，材料成形与模具技术国家重点实验室人员访问日本冈野公司，交流成形工艺与伺服压力机技术。

郑志镇在美国 UGS 公司从事合作开发

左二起：郑志镇、李志、刘升明

材料学院院长陈立亮率团访问伯明翰大学

左起：周建新、魏青松、熊惟皓、王福德、陈立亮、李建军、史玉升

在冈野公司会议室

左起：张李超、柳玉起、张宜生、莫健华

（17）2012 年、2014 年，莫健华与崔晓辉参加在德国举办的第五届和在韩国举办的第六届国际高速成形会议。

莫健华（右）与崔晓辉（左）在会场

（18）2013 年 4 月，日本工业大学村川正夫教授和古閑伸裕教授访问华中科技大学，在材料成形与模具技术国家重点实验室进行学术交流。

村川正夫一行参观材料成形与模具技术国家重点实验室

左起：吕言（2）、古閑伸裕（3）、村川正夫（4）、莫健华（5）

（19）2014 年，高分子材料成形团队赴美参加 ANTEC 年会。

（20）2014 年，部分师生出席在日本名古屋举办的国际塑性加工会议。

（21）2016 年，快速制造中心教师赴日本名古屋，参加国际 3D 打印技术学术会议。

高分子材料成形团队赴美参加 ANTEC 年会

左起：黄志高、李德群、周华民、张云

出席在日本名古屋举办的国际塑性加工会议

左起：邓磊、黄亮、李建军、莫健华、樊索（博士生）、方进秀（博士生）

参加在日本名古屋举办的 3D 打印技术学术会议

左起第一排：周燕、苏瑾、刘洁

左起第二排：闫春泽、李中伟、莫健华、文世峰、王黎

（22）2017 年，部分教师和博士研究生出席在英国剑桥大学机械工程系举办的国际塑性加工会议。

访问英国剑桥大学机械工程系

左起第一排：郑志镇、苏洪亮、陈荣创、黄亮、曾嵘、朱彬

左起第二排：王义林、谢军、樊索、莫健华、李建军、王新云、张宜生、邓磊、冯飞

（23）2018 年，访问英国诺丁汉大学、英国南安普顿大学。

访问英国南安普顿大学

左起：殷亚军、文世峰、魏青松、闫春泽、宋波、李中伟

（24）2018 年，吴甲民在比利时鲁汶大学做访问学者。

吴甲民（右 1）、杨守峰教授（左 1）在展会上

（25）李建军教授在日本举办的 Metal Forming 2018 国际会议上做大会报告。

李建军教授做大会报告

（26）2020 年，史玉升、闫春泽访问新加坡南洋理工大学和新加坡国家 3D 打印中心，并看望团队留学博士后。

参观新加坡国家 3D 打印中心

左起：周琨、史玉升、魏军、闫春泽

团队在新加坡南洋理工大学合影

左起：李伟（2013 届博士）、朱伟（2014 届博士）、闫春泽、史玉升、蔡超（2014 届博士）、韩昌骏（2014 届博士）

第八章 专业杰出教师与校友光荣榜

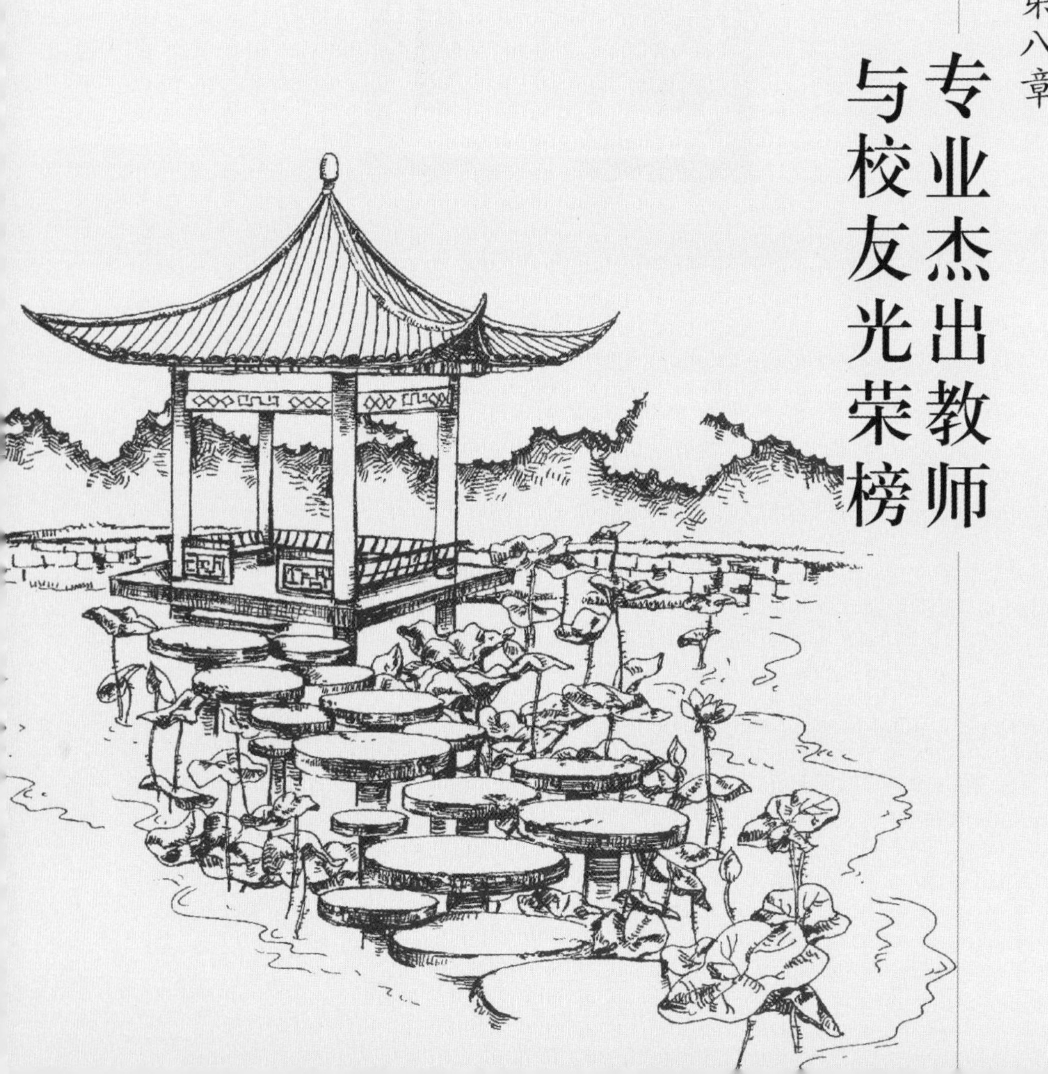

一、杰出教师

肖景容，华中科技大学锻压专业创始人，1951 年 7 月湖南大学机械系毕业，同年任湖南大学机械系助教。1952 年至 1955 年就读于哈尔滨工业大学锻压研究生班，1955 年任华中工学院（今华中科技大学）讲师、锻压教研室主任，1978 年晋升为教授、博士生导师。曾任中国机械工程学会锻压学会常务理事、全国热加工专业教学指导委员会委员、中国模具工业协会理事、湖北省模具工业协会副理事长、湖北省锻压学会理事长、武汉市科协委员。获全国、省部级科技进步奖 15 项。1978 年被评为武汉市先进工作者，1986 年被评为武汉市最佳科技工作者，1992 年被评为湖北省优秀科技工作者，1991 年获国务院政府特殊津贴。出版专著 15 种，发表论文约 170 篇，入编《中国当代科技名人成就大典》《中国当代自然科学人物总传》《中国当代教育名人录》等。

黄树槐，华中科技大学锻压专业创始人，1952年毕业于武汉大学机械系。1955年12月至1956年8月在哈尔滨工业大学进修，1956年9月至1958年2月在清华大学进修。1964年8月至1984年8月在华中工学院锻压教研室任教，任教研室副主任，1978年晋升为教授、博士生导师，任华中工学院机械工程研究所所长，华中工学院机械工程系主任。1984年8月至1984年12月任华中工学院教务处处长。1984年12月至1993年1月任华中工学院院长、华中理工大学校长。1984年至2003年任国务院学位委员会材料学科评议组成员、召集人。曾任湖北省科学技术协会副主席、中国科学技术协会全国委员、中国机械工程学会常务理事、中国机械工程学会锻压学会理事长、全国高等学校锻压专业教学指导委员会主任委员。两度被推荐为中国工程院院士候选人。

郭芷荣，博士生导师，原在华中工学院铸造教研室任教，1955 年于哈尔滨工业大学铸造专业研究生班毕业，此后留学苏联，获得锻压专业副博士学位，回国后在锻压教研室任教。在我国率先开展锻造液压机锻件尺寸自动测量与控制研发，并应用于万吨水压机生产。此后致力于先进锻压工艺研究，在国防科工委直九武装直升机翻卷管吸能器工艺研究和抽油杆锻造工艺研究中，做出了重要贡献，获国家教委科技进步奖二等奖。

李德群，1968年大学本科毕业于清华大学冶金系，1981年获华中工学院塑性加工专业硕士学位，历任副教授、教授、博士生导师。1986—1987年，美国康奈尔大学访问学者，2001年至2006年任华中科技大学材料科学与工程学院院长。2002年、2007年、2019年获国家科学进步奖二等奖，2010年获国家自然科学奖二等奖，2010年被评为全国优秀科技工作者。曾任国务院学位委员会材料学科评议组成员。2015年当选为中国工程院院士，2021年获湖北省杰出人才奖。

李爱珍，1969 年毕业于华中工学院锻压专业并留校工作。曾任校党委组织部长、党委副书记、工会主席。

周士能，博士生导师，1957 年毕业于交通大学（现上海交通大学）机械系，同年在华中工学院任教，1991 年晋升为教授。1988—1992 年任锻压教研室主任。曾任苏联压力加工专业委员会会员。周士能教授长期从事锻压工艺的教学和科研工作，在金属塑性成形、冷锻原理、模具技术等方面都有深入研究。其汽车圆锥轴承套圈冷挤压工艺、冷锻模具强度和寿命等研究成果，获得湖北省科技进步奖二等奖、机械工业部科技进步奖二等奖、国家科技进步奖三等奖。

肖祥芷，博士生导师，1960年毕业于华中工学院，同年留校任教，担任教研室第一任党支部书记。长期从事精冲工艺与模具CAD/CAM的教学和研发工作，1978年获全国科学大会奖，1989年获国家教委科技进步奖一等奖，1999年获国家教育部科技进步奖二等奖。

王运赣，博士生导师，1960 年毕业于华中工学院，同年留校任教。1981—1983 年，英国伯明翰大学访问学者。1986 年晋升为教授。曾任锻压教研室副主任、主任、党支部书记，华中理工大学产业办主任、校长助理，湖北省锻压学会理事长。1992 年由国务院批准，因对高等教育事业做出突出贡献而享受国务院政府特殊津贴。教研室与新加坡 KINERGY 公司合作期间，曾任该公司研发部主任。长期从事锻压设备自动控制和增材制造技术的教学和研发工作，带领研究团队率先开发制造出我国第一台快速成形设备，出版增材制造专著 14 种。

李尚健，1962年毕业于华中工学院，同年留校任教。长期从事塑性成形工艺与模具的教学和科研工作，获得国家科技进步奖三等奖1项、国家教委科技进步奖三等奖1项、教育部教学三等奖1项，主编的《金属塑性成形过程模拟》《锻压工艺及模具设计资料》等教材获得广泛应用。

骆际焕，1962 年毕业于华中工学院，同年留校任教。长期从事先进锻压设备和增材制造技术的教学和研究，曾主持 ZA81-63 型多工位自动冲压压力机及工艺装置研发，于 1984 年获湖北省科委科技进步奖三等奖，1985 年获国家教委优秀科技成果奖。

夏巨谌，华中科技大学博士生导师，全国优秀党务工作者，1990—2001 年，先后担任机械工程二系系主任、机械学院党总支书记、材料学院院长，现兼任中国锻压协会高级顾问、塑性工程学会精锻学术委员会委员和高级顾问、湖北省汽车工程学会副理事长、湖北省机械工程学会常务理事、《锻压技术》和《塑性工程学报》编委。长期从事精锻的教学和研究工作，获国家科技进步奖三等奖和国家技术发明奖二等奖、湖北省科技进步奖一等奖和二等奖、中国机械工业联合会科技进步奖一等奖、首届 GM 中国科技成就奖一等奖。

李志刚，博士生导师，1970年本科毕业于清华大学机械制造专业，1980年获华中工学院金属压力加工专业硕士学位，1984年赴英国伯明翰大学做访问学者。现任华中科技大学教授，曾任华中科技大学材料成形与模具技术国家重点实验室主任、中国模具工业协会副理事长、塑性工程学会副理事长、全国材料科学与工程专业教学指导委员会委员、湖北省塑性工程学会理事长、湖北省模具工业协会副理事长等职。获国家科技进步奖二等奖1项，省部级科技进步奖一等奖4项、二等奖2项、三等奖1项。

李从心，博士生导师，1988 年获华中理工大学工学锻压专业博士学位，1990 年至 1992 年在德国 Vickers 公司从事博士后研究工作，回国后任华中理工大学教授、上海交通大学教授，享受国务院政府特殊津贴。1997 年获国家科技进步奖二等奖。

张宜生，教授，1974 年毕业于华中工学院锻压专业，曾任材料加工系主任。长期从事数字化测量、注塑成形模拟与高性能金属板料热冲压成形工艺及装备的研究与开发。2002 年、2007 年两度获国家科技进步奖二等奖。领导的高性能金属板料热冲压金属团队，在变强度成形及多部件集成热冲压领域处于国内技术应用领先地位，主持研发的多条数字伺服热冲压生产示范线和数字化热冲压生产线，在企业的实际应用中成效显著。现任 ICHSU 国际学术会议副主席、EPTC 架空输电线路电力金具专业技术工作组副主任。

李建军，1985 年毕业于华中工学院锻压专业，1988 年获华中理工大学工学硕士学位，1995 年获华中理工大学博士学位，1997—1998 在美国佛罗里达国际大学从事博士后研究工作。2000 年晋升为华中科技大学材料科学与工程学院教授、博士生导师。曾任华中科技大学材料成形与模具技术国家重点实验室主任，兼任中国模具工业协会副理事长、塑性工程学会副理事长等职。获国家科技进步奖二等奖 1 项，省部级科技进步奖一等奖 2 项、二等奖 3 项，并获国务院政府特殊津贴专家、湖北省有突出贡献中青年专家等荣誉称号。

周华民，1996年毕业于华中理工大学锻压专业，2001年获华中理工大学博士学位，2001—2003年华中科技大学机械工程博士后，2004年晋升教授，2005年获聘博士生导师，2007年至2008年，美国威斯康星大学高级研究学者，2015年，澳大利亚悉尼大学访问学者。现任华中科技大学材料科学与工程学院院长、华中科技大学材料成形与模具技术国家重点实验室主任、国务院学位委员会学科评议组成员、中国兵工学会精密成形工程专委会主任、中国模具协会数字化智能化技术部主任，*Polymer-Plastics Technology and Engineering*（美国）、*Journal of Mechanical Engineering Science*（英国）等SCI期刊编委。国家杰出青年科学基金获得者，科技部中青年科技创新领军人才，中国青年科技奖入选者。获国家科技进步奖二等奖2项、国家自然科学奖二等奖1项。

史玉升，1996年毕业于中国地质大学，获博士学位；1996年在中国石油大学从事博士后研究工作，1998年到华中理工大学工作。曾任材料成形与模具技术国家重点实验室副主任、华中科技大学材料学院副院长和党委书记、中央军委国防科技创新特区主题专家组首席科学家等。现任教育部长江学者创新团队负责人、中国航天科技集团有限公司增材制造工艺技术中心专家委员会主任、数字化材料加工技术与装备国家地方联合工程实验室（湖北）主任、中国有色金属学会增材制造技术专业委员会主任委员、中国材料研究学会增材制造材料分会主任委员等职务。获中国十大科技进展和智能制造十大科技进展各1项、国家技术发明奖二等奖1项、国家科技进步奖二等奖2项、全国创新争先奖状、十佳全国优秀科技工作者提名奖、国务院政府特殊津贴、武汉市科技重大贡献个人奖、湖北省五一劳动奖章等。

王新云，教育部长江学者特聘教授、国家杰出青年基金获得者、国家万人计划领军人才。2002 年毕业于哈尔滨工业大学材料加工工程专业，获工学博士学位。2005—2007 年在日本名古屋大学从事博士后研究工作，现任华中科技大学图书馆馆长，被聘为湖北省科协副主席、中国机械工程学会塑性工程分会副理事长、中国模具工业协会锻模专业委员会副主任、全国模具标准化技术委员会委员、湖北省机械工程学会副理事长、湖北省汽车工程学会副理事长等，兼任《塑性工程学报》《锻压技术》《华中科技大学学报》、IJMPT 等多个期刊的客座编辑或编委。获国家技术发明奖二等奖 1 项、省部级一等奖 4 项。

闫春泽，2000 年本科毕业于华中科技大学应用化学专业，2009 年获华中科技大学材料加工工程专业博士学位，2010—2013 年在英国埃克塞特大学从事博士后研究工作，2017 年晋升教授，2019 年入选教育部长江学者特聘教授。现任材料成形与模具技术全国重点实验室主任、增材制造陶瓷材料教育部工程研究中心主任、湖北省增材制造技术国际科技合作基地主任、国际 SCI 期刊 *Journal of Materials Processing Technology* 副主编，兼任湖北省航空学会副理事长。研究成果获国家技术发明奖二等奖 1 项、国家科技进步奖二等奖 1 项、湖北省技术发明奖一等奖 2 项、中国专利优秀奖 2 项、湖北省专利奖金奖 1 项、日内瓦国际发明展金奖 1 项。

二、校友光荣榜

董青山，1960 年毕业于华中工学院金属压力加工专业，正高级工程师，享受国务院政府特殊津贴专家。曾任第六机械工业部 471 厂厂长、党委书记，获湖北省劳动模范、湖北省“学铁人标兵”和武汉市劳动模范等称号。

吴公明，1960 年毕业于华中工学院金属压力加工专业，上海交通大学教授。曾任中国机械工程学会塑性工程分会精锻学术委员会副主任委员、中国模具工业协会教育培训委员会副主任、上海市模具技术协会副理事长。

金先级，1960 年毕业于华中工学院金属压力加工专业，教授。曾任华中科技大学计算机科学与技术学院教研室主任、副系主任，中国人民解放军电子技术学院、中南民族学院兼职教授，中国电子学会机器人专业学组组长、计算机外部设备专业学组副组长。

龚明礼，1961 年毕业于华中工学院锻压专业，曾任广西机械工业研究院院长。

黄豪士，1961 年毕业于华中工学院锻压专业，正高级工程师，获全国科学大会奖 1 项，机械部、水电部部级科研成果奖一等奖 1 项，二等奖 4 项，国家科学技术进步奖二等奖 1 项，中国发明专利、实用新型专利 15 项。

吴道美，1961 年毕业于华中工学院锻压专业，机械工业部西安重型机械研究所高级工程师，获机械工业部科技三等奖。

张景昆，1961 年毕业于华中工学院锻压专业，高级工程师，曾任广东医疗器械质量检测中心检测室副主任、国家标准局技术委员会副主任委员。

方远浩，1961 年毕业于华中工学院锻压专业，正局级，曾任中共武汉市委党校副校长。

徐锦鸿，1961 年毕业于华中工学院锻压专业，高级工程师。曾任华南工学院教师、广东汽车工业公司教育部部长、汽车配件营业部经理。

刘世雄，1961 年毕业于华中工学院锻压专业，上海工程技术大学高级工程师，获中国发明专利 1 项，出版译著 2 种。

刘周南，女，1961 年毕业于华中工学院锻压专业，第二重型机器厂设计研究所正高级工程师，获省部级科技进步奖二等奖、三等奖及优质产品奖。

樊家邦，1961 年毕业于华中工学院锻压专业，高级工程师。曾任合肥矿山机器厂总工程师办公室主任、研究所副所长，合肥市优秀共产党员，获安徽省科技进步奖。

徐兴祥，1961 年毕业于华中工学院锻压专业，高级工程师。曾任上海船厂生产处处长。获 1995 年度上海市工业系统突出贡献科技工作者称号、上海市经委优秀新产品一等奖。

余明书，女，1961 年毕业于华中工学院锻压专业，华中理工大学数学与统计学院教授，编有《应用概率统计》。

林德禧，1961 年毕业于华中工学院锻压专业，高级工程师。曾任湖南长沙仪器厂副厂长。

李升恒，女，1961 年毕业于华中工学院锻压专业，合肥工业大学副教授。

石茅原，1961 年毕业于华中工学院锻压专业，高级工程师。曾任安徽丝绸厂设备科科长、技改办主任。

杨永豪，1961 年毕业于华中工学院锻压专业，高级工程师。曾任一机部仪表专用材料研究所科研处处长。

李仲成，1961 年毕业于华中工学院锻压专业，副教授。曾任武汉理工大学机电工程学院机械制造教研室副主任。

夏德麟，1961年毕业于华中工学院锻压专业，华中科技大学教授，获武汉市科协三等奖。

汪应凤，1961年毕业于华中工学院锻压专业，华中科技大学副教授，获华为奖教金。

刘乐善，1961年毕业于华中工学院锻压专业，1961年清华大学工程力学研究生班毕业，华中科技大学教授。获国家科技进步奖三等奖，国家教委科技进步奖一等奖，多次获省部级优秀教材奖和全国高校出版社优秀畅销书一等奖。

万昌义，1962年毕业于华中工学院锻压专业，中国兵器工业第201所试制工厂高级工程师，曾任总工程师。

王瑞云，女，1962年毕业于华中工学院锻压专业，华中科技大学附属中学高级教师。

左鲁洪，1962年毕业于华中工学院锻压专业，华富（香港）贸易有限公司经理。

邵声虎，1962年毕业于华中工学院锻压专业，第一汽车制造厂高级工程师。历任第一汽车制造厂散热器厂厂长、长春汽车散热器研究所所长。

许宗文，1962年毕业于华中工学院锻压专业，沈阳风动工具厂高级工程师，曾任锻造分厂厂长。

许植尤，1962年毕业于华中工学院锻压专业，沈阳鼓风机厂高级工程师，曾任车间主任。

冯启汉，1962年毕业于华中工学院锻压专业，西安海红轴承厂高级工程师，曾任轴承研究所室主任。

姚恒钊，1962年毕业于华中工学院锻压专业，湖北建筑机械厂高级工程师，曾任该厂总工程师。

陈建华，1962年毕业于华中工学院锻压专业，四川汽车制造厂高级工程师。

陈志信，1962年毕业于华中工学院锻压专业，佛山大陆制罐有限公司高级工程师，曾任副厂长。

姚文生，1962年毕业于华中工学院锻压专业，曾任江西上饶地区科学技术协会主席。

杨耀钦，1962年毕业于华中工学院锻压专业，高级工程师，曾任佛山市石湾区科委副主任。

莫志杰，1962年毕业于华中工学院锻压专业，柳州铁路局桂林配件厂高级工程师，曾任该厂总工程师。

姜诗英，1962年毕业于华中工学院锻压专业，重庆大学副教授。

蔡喜明，1962年毕业于华中工学院锻压专业，东风汽车公司锻造厂高级工程师。

陈炳光，1962年毕业于华中工学院锻压专业，武汉理工大学教授。

潘瑞炜，1962年毕业于华中工学院锻压专业，广州钟厂高级工程师，曾任该厂总工程师。

刘宏俊，1962年毕业于华中工学院锻压专业，武汉市技术质量监督局高级工程师，曾任该局副总工程师。

刘杭宿，女，1962年毕业于华中工学院锻压专业，湘潭电机厂高级工程师。

刘义，1962年毕业于华中工学院锻压专业，桂林市重工业局高级工程师。

卢宗清，1962年毕业于华中工学院锻压专业，天水风动工具厂高级工程师。

周安德，1962年毕业于华中工学院锻压专业，武汉市通用机械厂科研所高级工程师。

周远俊，1962年毕业于华中工学院锻压专业，宜昌大学副教授，曾任该校教学指导委员会副主任。

邱仰止，1962年毕业于华中工学院锻压专业，冶金部长沙矿冶研究院高级工程师。

张刚，女，1962年毕业于华中工学院锻压专业，东风汽车公司锻造厂教育科高级讲师。

吴坤海，1962年毕业于华中工学院锻压专业，香港广信贸易发展公司经理。

吴家贤，1964年毕业于华中工学院锻压专业，曾任武汉汽车标准件厂厂长、湖北省工业厅总工程师、湖北省汽车工业集团党委书记。

刘显勤，1966年毕业于华中工学院锻压专业，曾任湖北咸宁地区专员。

吴克光，1966年毕业于华中工学院锻压专业，高级工程师，曾任河南新乡锻压设备厂技术副厂长、新乡市常务副市长、新乡市人大委员会主任。

刘长青，1966年毕业于华中工学院锻压专业，青海西宁钢厂高级工程师、总工程师。

姚克智，1966年毕业于华中工学院锻压专业，重庆建设集团冲压厂高级工程师、总工程师。

蔡正财，1966年毕业于华中工学院锻压专业，武汉钢铁公司冶金处高级工程师。

方统盛，1966年毕业于华中工学院锻压专业，贵州航空发动机公司冲压厂高级工程师。

盛绍德，1966年毕业于华中工学院锻压专业，贵州航空发动机公司叶片厂高级工程师、副厂长。

李介南，1966年毕业于华中工学院锻压专业。曾任湖南衡阳中美合资南岳油泵油嘴有限公司厂长、总经理，第九届全国人大代表，获全国机械工业劳动模范、全国机械工业优秀企业家光荣称号。

刘先菊，女，1966年毕业于华中工学院锻压专业，武汉汽车标准件厂高级工程师。

姚丽华，女，1966年毕业于华中工学院锻压专业，鄂城钢铁公司锻冶厂高级工程师，鄂州市人大代表。

李桂珍，女，1966年毕业于华中工学院锻压专业，武昌白沙洲滤清器厂高级工程师。

曾绍华，1966年毕业于华中工学院锻压专业，湖南长沙市烟草公司技术处处长、高级工程师。

孙茨临，1966年毕业于华中工学院锻压专业，湖南株洲某军工厂高级工程师。

罗永坤，1966年毕业于华中工学院锻压专业，荆州地区沔阳农机厂总工程师，沔阳人大常委副主任。

练煜煌，1966年毕业于华中工学院锻压专业，咸宁液压件厂高级工程师，曾任该厂总工程师。

周锦源，1966年毕业于华中工学院锻压专业，广州造船厂高级工程师。

胡民圣，1966年毕业于华中工学院锻压专业，湖北襄樊（今襄阳）某军工厂高级工程师。

张方钧，1966年毕业于华中工学院锻压专业，汉阳汽车齿轮厂高级工程师、总工程师，曾任武汉市汉阳区科委主任。

梁秋明，1966年毕业于华中工学院锻压专业，某军工厂高级工程师。

庄成长，1966年毕业于华中工学院锻压专业，上海五金工具公司高级工程师。

邢吉祥，1981年获华中工学院金属压力加工专业硕士学位，柳工机械股份（集团）有限公司高级工程师，曾任副总工程师、技术改造规划部部长等职，多次获得机械工业部、广西壮族自治区奖励，被授予机械工业部劳动模范、广西壮族自治区劳动模范称号，获柳工集团有限公司杰出贡献奖，荣膺广西壮族自治区荣誉勋章，享受国务院政府特殊津贴。

孙友松，1967 年毕业于华中工学院锻压专业，1981 年获华中工学院金属压力加工专业硕士学位，1986—1987 年赴美国威斯康星大学麦迪逊分校做访问学者，1993 年任广东机械学院教授、副院长，机械工程研究所所长，1995 年任广东工业大学副校长。曾任中国机械工程学会塑性工程分会副理事长、设备委员会副主任，获国家、省、市级教学、科研奖励 6 项。

刘全坤，1981 年获华中工学院金属压力加工专业硕士学位，1986 年获德国斯图加特大学工学博士学位。曾任合肥工业大学研究生部主任、校学位办主任、校学术委员会副主任。获机械电子工业部科技进步奖三等奖 1 次，安徽省科技进步奖三等奖 3 次，并获中国机械工业科技专家等荣誉称号。

郭宇洲，1981 年获华中工学院金属压力加工专业硕士学位，中国船舶集团第 722 研究所研究员，先后任该所第二研究室主任、党支部书记、副总工程师，获部级科技进步奖二等奖 3 次、三等奖 2 次。

邹正烈，1981 年获华中工学院金属压力加工专业硕士学位，有色金属研究集团教授级高工，获中国有色金属工业科技进步奖二等奖。

谢世安，1967 年毕业于华中工学院锻压专业，曾任河南省焦作市副市长、豫港公司董事长、河南省政协常委。

段刚（段奇仙），1967 年毕业于华中工学院锻压专业，曾任华北科技学院副院长。

魏谦（魏仁木），1967 年毕业于华中工学院锻压专业，曾任东风电机厂厂长。

汤复兴，1967 年毕业于华中工学院锻压专业，广州美术学院副教授、高级工程师，曾任广州南方无线电厂厂长。

莫永峰（莫飞黄），1967 年毕业于华中工学院锻压专业，清华大学天津高端装备研究院特锻技术研究所高级工程师、总工程师。

徐鹏程，1967 年毕业于华中工学院锻压专业，黄石锻压机床厂高级工程师、总工程师。

胡天明，1967 年毕业于华中工学院锻压专业，武汉大学教授。

朱新榕，1967 年毕业于华中工学院锻压专业，广东工业大学副教授，曾任广州锻压机床厂副厂长。

陈思赣，1967 年毕业于华中工学院锻压专业，广州锻压机床厂厂长。

彭永吉，1967 年毕业于华中工学院锻压专业，湖南攸县油泵油嘴厂高级工程师、厂长。

刘杰（刘行忠），1967 年毕业于华中工学院锻压专业，武汉理工大学副教授。

孙一平，1967 年毕业于华中工学院锻压专业，曾任武汉自行车厂副厂长。

郑廷顺，1967 年毕业于华中工学院锻压专业，曾任重庆 112 厂锻造分厂副厂长。

王健武（王启后），1967 年毕业于华中工学院锻压专业，曾任重庆 112 厂型材分厂副厂长、深圳金东永磁材料有限公司总经理。

邹长川，1967 年毕业于华中工学院锻压专业，南华大学副教授。

冯炳尧，1969 年毕业于华中工学院锻压专业并留校任教，后调往江苏信息职业技术学院，副教授，曾任该院党委副书记、副院长，荣获电子工业部先进教育工作者称号。

杨仲炎，1969 年毕业于华中工学院锻压专业，中国建筑工程总公司高级政工师、副局级纪检监察员。

欧阳建星，1976 年毕业于华中工学院锻压专业，高级工程师，区人大代表。1992—2017 年历任长沙重型机器厂（大二型国有企业）副厂长、常务副厂长、党委书记等职。

吕言，1976年于华中工学院锻压专业毕业留校，1986年获金属压力加工专业硕士学位，1987年赴日本工业大学做访问学者，后获该校博士学位。曾任日本罔野公司开发部长、执行董事、罔野武汉工厂总经理等职。现任天津天锻压力机有限公司首席专家，2次获得省部级科技进步奖三等奖。

余华刚，1981年本科毕业于华中工学院锻压专业，先后获得本专业硕士和博士学位，澳大利亚Moldflow公司高级研究员。

董湘怀，1982年本科毕业于华中工学院锻压专业，先后获得本专业硕士和博士学位，1991—2003年华中理工（科技）大学教授，2004—2020年上海交通大学教授，获省部级科技进步二、三等奖各1项。

尹希猛，1983年华中工学院锻压专业毕业，1986年获华中工学院金属塑性加工专业硕士学位，1995年获华中理工大学金属塑性加工专业博士学位，现在新加坡工作，担任新加坡IDI激光系统集成有限公司技术总监，获得新加坡科技局（NSTB）颁发的银奖。

李亚军，1983年华中工学院锻压专业毕业，1986年获硕士学位，机械科学总院北京机电研究所研究员、副所长、总工程师，多次获得国家级和省部级科技进步奖。

陈召云，1984年本科毕业于华中工学院锻压专业，1987年获硕士学位，现任加拿大阳光投资集团董事局主席、华中科技大学北美企业家协会常务副会长、华中科技大学蒙特利尔企业家协会会长、华中科技大学蒙特利尔校友会会长。

陈兴，1984年本科毕业于华中工学院锻压专业，1997年获得博士学位，宁波大学教授、机械工程系主任。

袁中双，1984年本科毕业于华中工学院锻压专业，1993年获得博士学位，美国Autodesk公司高级主任、研究工程师。

陈燕，1984年本科毕业于华中工学院锻压专业，武汉汽车标准件厂高级工程师、总工程师。

周亚倬，1985年本科毕业于华中工学院锻压专业，江铃集团江铃专用车辆有限公司高级工程师，曾任党委书记、总经理。

彭必占，1985年本科毕业于华中工学院锻压专业，武汉东研智慧设计研究院有限公司教授级高工、总工艺师。

唐新华，1986年本科毕业于华中工学院锻压专业，1989年获得硕士学位，创建南通金榜模具技术有限公司，任总经理。

王孟君，1986年本科毕业于华中工学院锻压专业，1989年获得华中理工大学硕士学位，2006年获中南大学博士学位，曾任中南大学材料加工研究所所长、材料加工工程系书记，获国家科技进步奖一等奖1项、省级科技进步奖一等奖1项、中国有色金属工业科技进步奖二等奖1项。

王建业，1986年本科毕业于华中工学院锻压专业，1989年获华中理工大学硕士学位，广东省库迪二机激光装备有限公司董事长兼总工程师。

周家雄，1986年本科毕业于华中工学院锻压专业，东风模具冲压技术有限公司冲焊工厂高级工程师、总工艺师。

何善樑，1986年本科毕业于华中工学院锻压专业，1990年获华中理工大学硕士学位，广东奥马冰箱有限公司高级工程师、工艺部经理。

张运军，1987年毕业于华中工学院锻压专业，历任湖北三环锻造有限公司董事长、总经理、党委书记，2013年被授予“湖北省科技创新领军人物”，2015年获“湖北省职工创业创新明星”荣誉称号，获湖北“五一”劳动奖章，2019—2020年度获评全国优秀企业家。

徐光伟，1987年毕业于华中工学院锻压专业，正高级工程师，享受国务院政府特殊津贴，曾任马勒三环气门驱动（湖北）有限公司技术总监，获湖北省科技进步奖二等奖、国家发明奖四等奖。

陈学著，1987年毕业于华中工学院锻压专业，重庆建设工业集团公司锻造公司高级工程师，曾任公司建设铸锻厂厂长、锻造厂厂长，曾两度获中国机械工程学会一等奖。

孙小捞，1987年毕业于华中工学院锻压专业，洛阳理工学院教授，曾任该校机械电子工程系主任、“全国三维数字化创新设计大赛”特邀技术专家、河南省科学评审咨询专家、洛阳市科协创新智库专家。

杨泽发，1988年毕业于华中理工大学锻压专业，1995年获华中理工大学金属塑性成形专业博士学位，曾任武汉市政协常委、共青团武汉市委副书记，武汉市食品药品监督管理局局长、党组书记，武汉市纪委委员，武汉市洪山区委书记，武汉市临空港经济技术开发区工委书记、管委会主任（副市级），武汉市东西湖区委书记，武汉市副市长，现任湖北省民政厅党组书记。

柯尊芒，1988年本科毕业于华中理工大学锻压专业，曾任徐州锻压机床厂集团有限公司总工程师、副总经理，现任宁波精达成形装备股份有限公司副总经理、宁波大学兼职硕士生导师。

杨安民，1989年本科毕业于华中理工大学锻压专业，海尔集团教授级高级工程师，获省、市级科技成果奖11项。

李银亭，1989年本科毕业于华中理工大学锻压专业，郑工橡塑模具国家工程研究中心有限公司副总经理。

张伟，1989年本科毕业于华中理工大学锻压专业，广州白云山星群（药业）股份有限公司高级工程师、副总经理。

陈海舟，1989年本科毕业于华中理工大学锻压专业，广东省国防科技技师学院高级实习指导教师（副高），智能制造系主任，获评“第一届南粤技术能手”，享受国务院政府特殊津贴。

卢向伟，1990年研究生毕业于华中理工大学压力加工专业，获硕士学位。曾任武汉钢铁设计研究总院总设计师、教授级高工。创建武汉艾可威工程技术有限公司，现任总经理，获得专利30余项。

朱火弟，1990 年研究生毕业于华中理工大学压力加工专业，获硕士学位，重庆理工大学教授，曾任该校管理学院副院长。

简龙昌，1991 年研究生毕业于华中理工大学压力加工专业，获硕士学位，创办新加坡 New Century Precision Pte Ltd 和厦门汇佳精密模具有限公司，任董事长。

李红林，1992 年研究生毕业于华中理工大学压力加工专业，获硕士学位，宁波大学副教授，获宁波市科技进步奖二等奖。

林琦，1992 年本科毕业于华中理工大学锻压专业，青岛海瑞德模塑有限公司创始人，董事长，高级工程师，山东科技大学机电系校外硕士研究生导师。

杨雨春，1992 年本科毕业于华中理工大学锻压专业，1995 年获硕士学位，1999 年获博士学位，2002 年本校计算机学院博士后出站，曾任公安部网络侦查技术研发中心调研员，现任公安部网络安全保卫局警务技术一级主任。

肖东胜，1992 年本科毕业于华中理工大学锻压专业，1999 年硕士研究生毕业于解放军军械工程学院武器工程与运用专业，任职于石家庄市工业和信息化局，获军队科技进步一等奖 1 项，二等奖、三等奖多项。

禹诚，1993 年本科毕业于华中理工大学锻压专业，武汉城市职业学院教授，机电工程学院院长，获国家教学成果二等奖 1 项、人力资源和社会保障部优秀教练奖 1 项、全国职业院校技能大赛优秀指导老师奖 2 项、湖北省教学成果三等奖 2 项。

卢湘帆，1993 年本科毕业于华中理工大学锻压专业，湖北工业大学编审，《中国机械工程》执行主编，获中国机械工业科学技术奖科技进步二等奖，以及湖北省优秀期刊工作者、湖北省科学技术协会“科技创新源泉工程”科技期刊优秀编辑工作者等荣誉称号。

兰箭，1993 年本科毕业于华中理工大学锻压专业，2001 年获得博士学位，武汉理工大学教授，材料成型与加工工程系副主任，获中国机械工业科学技术奖一等奖、二等奖各 1 项。

张冠湘，1993 年本科毕业于华中理工大学锻压专业，1997 年获硕士学位，华南理工大学电子商务系教授。

曹志勇，1993 年本科毕业于华中理工大学锻压专业，湖北大学材料学院副教授，获湖北省科技进步奖二等奖。

刘升明，1993 年本科毕业于华中理工大学锻压专业，获硕士学位，西门子公司高级研究员，任研发中心经理。

郭志英，女，1994 年本科毕业于华中理工大学锻压专业，2000 年获博士学位，2001 年上海交通大学塑性成型系博士后，副教授。现任芜湖艾尔达科技有限公司技术副总经理、高端电热事业部总经理。

李志，1994 年获华中理工大学材料加工工程专业博士学位，西门子公司高级研究员，任研发中心主管。

贾志欣，女，1995 年研究生毕业于华中理工大学压力加工专业，获硕士学位，浙大宁波理工学院教授，获宁波市科技发明奖二等奖 1 项、浙江省科技进步奖三等奖 2 项。

伍晓宇，1995 年获华中理工大学材料加工工程专业博士学位，深圳大学机电学院教授，曾任该学院院长。

叶俊青，1995 年毕业于华中理工大学锻压专业，贵州安大航空锻造有限责任公司副总经理、总工程师，获贵州省青年科技奖、贵州省劳动模范，贵州省省管专家，享受国务院政府特殊津贴，并获得国防科技进步奖一等奖 3 项。

胡运南，1995 年获华中理工大学压力加工专业博士学位，上海宝山钢铁公司高级工程师，曾任宝钢上海宝信软件股份有限公司部门经理，现任上海信博软件有限公司总经理。

张毅，1996 年本科毕业于华中理工大学压力加工专业，获华中科技大学管理学博士学位，现任华中科技大学公共管理学院院长、教授，兼任全国公共管理专业硕士（MPA）研究生教指委委员、中国系统工程学会教育系统工程专委会副主任委员、湖北省国家治理研究会会长等多项职务。

王燕，1996年本科毕业于华中理工大学压力加工专业，获中山大学工商管理硕士学位，高级工程师，安晟咨询公司总经理，被评为武汉英才、武汉行业领军人才、光谷3551人才。

程念胜，1996年本科毕业于华中理工大学压力加工专业，先后获得华中科技大学材料加工工程硕士和博士学位，曾任中山大学计算机软件与理论研究员，现任中国航天科工集团航天信息股份有限公司智慧本部总工程师、航天信息广州航天软件分公司总经理。

普建涛，1996年本科毕业于华中理工大学锻压专业，1999年获本校硕士学位，2002年获北京大学计算机科学博士学位，曾在普渡大学、斯坦福大学从事博士后研究，现为美国匹兹堡大学教授，从事计算机辅助疾病诊断研究。

姜勇道，1996年本科毕业于华中理工大学压力加工专业，2005年获本校硕士学位，曾任美国 Moldflow 公司中国区技术总监、浙江凯华模具有限公司副总经理，现任苏州市振业模具有限公司总经理。

刘斌，1997年获华中理工大学金属塑性加工专业博士学位，华南理工大学教授，中国模具工业协会技术委员会委员，广东省机械模具科技促进协会副秘书长兼专家委员会副主任。

王勇，1998年博士毕业于华中理工大学材料加工专业，广东省惠州市德赛智能科技有限公司高级工程师、董事长兼总经理，获得广东省科技进步奖二等奖。

杨勇，1998年获华中理工大学材料加工专业硕士学位，2003年获新加坡国立大学博士学位，2007—2009年作博士后研究员，浙大宁波理工学院教授，数字化设计与制造学科群首席科学家，中组部国家特聘专家，宁波市特优人才，政协浙江省委员会委员。

陈绪兵，2000年博士毕业于华中科技大学材料加工工程专业，武汉工程大学教授、博导，曾任人事处处长，荣获中国石油和化工行业优秀科技工作者、湖北名师、武汉市黄鹤英才称号，获湖北省科技进步奖二等奖2项、教学成果奖二等奖1项，指导大学生团队荣获挑战杯全国一等奖、互联网+大赛全国金奖。

郑金桥，2001年、2005年先后获华中科技大学材料加工工程专业硕士和博士学位，中兴通讯股份有限公司器件资深专家、器件经理、基础材料团队技术总监。

刘锋，2001年本科毕业于华中科技大学塑性成型与控制工程专业，2004年获硕士学位，浙江水利水电学院副教授。

冯伟，2001年本科毕业于华中科技大学塑性成型与控制工程专业，2006年获得博士学位，国务院政府特殊津贴专家，曾任中国科学院深圳先进技术研究院副院长、纪委书记，中国科学院广州分院副院长，深圳理工大学筹备办副主任，现任广东省教育厅副厅长。

严波，2001年本科毕业于华中科技大学塑性成形工艺及装备专业，2008年获材料加工工程专业博士学位，上海交通大学材料科学与工程学院副教授。

陈森昌，2002年博士毕业于华中科技大学材料加工工程专业，广东技术师范大学教授，获中国机械工业技术发明奖二等奖、东风汽车公司科技进步奖二等奖和广东省科技优秀成果奖。

王华侨，2003年研究生毕业于华中科技大学塑性成型与控制工程专业，获硕士学位，中国航天科工集团第四研究院红阳公司研究员、型号总工艺师，中国航天科工集团先进制造领域学术带头人，获中国航天基金奖、湖北省首届专利奖金奖、中国航天科工集团重大贡献奖等奖项。

刘国庆，2003年研究生毕业于华中科技大学塑性成型与控制工程专业，获硕士学位，上海交通大学高级工程师，获上海市科技进步奖一等奖、冶金科学技术进步奖二等奖。

汪承研，2003 年研究生毕业于华中科技大学塑性成型与控制工程专业，获硕士学位，广东机电职业技术学院副教授，高级工程师。

吴海华，2003 年硕士毕业于华中科技大学材料加工工程专业，首届上银优秀机械博士论文奖获得者，三峡大学教授、博导，机械与动力学院执行院长，石墨增材制造技术与装备湖北省工程研究中心主任，三峡学者，中国石墨产业发展联盟专家组成员，获陕西高等学校科学技术一等奖 1 项、湖北省技术发明奖二等奖 1 项。

郭正华，2004 年毕业于华中科技大学塑性成型与控制工程专业，获博士学位，南昌航空大学教授，党委常委、副校长。获江西省科技进步奖一等奖、中国航空学会科学技术奖一等奖、江西省教学成果一等奖。

赵朋，2004 年本科毕业于华中科技大学塑性成型与控制工程专业，2009 年获博士学位，浙江大学教授，任该校机械工程学院副院长。

韩光超，2005 年毕业于华中科技大学塑性成型与控制工程专业，中国地质大学（武汉）教授、系党支部书记，获湖北省教学成果奖二等奖。

熊禾根，2005 年获华中科技大学材料加工工程专业博士学位，武汉科技大学教授。

杨红梅，2005 年本科毕业于华中科技大学塑性成型与控制工程专业，2007 年获材料加工工程专业硕士学位，荆楚理工学院副教授。

李伟，2005 年本科毕业于华中科技大学塑性成型与控制工程专业，荆楚理工学院副教授。

李茂君，2006 年本科毕业于华中科技大学塑性成型与控制工程专业，2008 年获硕士学位，湖南大学副教授，获中国机械工业科技进步奖二等奖、国家级教学成果奖二等奖、湖南省高等教育教学成果奖特等奖。

易国锋，2006 年获得华中科技大学材料加工工程专业硕士学位，2013 年获得博士学位，湖北工业大学副教授，2022 年获得湖北省科技进步奖二等奖。

张京，2006年获得华中科技大学材料加工工程专业硕士学位，浙江银轮机械股份有限公司高级工程师、运营部冲压技术总师。

程俊伟，2006年毕业于华中科技大学塑性成型与控制工程专业，获工学博士学位，郑州航空工业管理学院教授、硕士生导师。

胡建平，2006年毕业于华中科技大学塑性成型与控制工程专业，获硕士学位，武汉益模科技股份有限公司高级工程师，现任副总经理、技术总监。

王辉，2007年本科毕业于华中科技大学塑性成型与控制工程专业，2012年获材料加工工程博士学位，武汉理工大学汽车工程学院教授。

崔晓辉，2007本科毕业于华中科技大学塑性成型与控制工程专业，中南大学副教授、博士生导师，现任教育部工程研究中心副主任。

李庆，2007年本科毕业于华中科技大学塑性成型与控制工程专业，2012年获材料加工工程博士学位，现任蓝箭鸿擎科技有限公司生产运营部副总监，获上海市优秀发明奖金奖。

钟文，2007年本科毕业于华中科技大学塑性成型与控制工程专业，2013年获得材料加工工程博士学位，武汉轻工大学副教授，曾任瑞声开泰科技（武汉）有限公司高级研发经理。

张明，2007年获华中科技大学材料加工工程专业硕士学位，上海领鸟信息科技有限公司董事长兼CEO，获阿里巴巴诸神之战大赛全球总决赛亚军、中国AIoT未来论坛创新成果奖二等奖、TBI年度杰出新锐人物。

余魁，2007年获华中科技大学材料加工工程专业硕士学位，2020年获博士学位，武汉轻工大学副教授。

张学宾，2008年获得华中科技大学材料加工工程专业博士学位，河南科技大学副教授，获得国家科技进步奖二等奖1项、中国有色金属工业科技进步奖一等奖2项、河南省科技进步奖三等奖1项。

鲁中良，2008年博士毕业于华中科技大学材料加工工程专业，西安交通大学教授、博导，新疆维吾尔自治区“天山学者”，获浙江省机械工业联合会科学技术一等奖、陕西省高等学校技术发明奖一等奖等奖项。

杜亭，2008年获华中科技大学材料加工工程专业博士学位，岭南股份文旅板块上海恒润数字科技集团股份有限公司董事、总裁。

吴圣川，2009年毕业于华中科技大学塑性成型与控制工程专业，西南交通大学教授、副所长，获中国铁道学会科技进步奖一等奖、中国质量协会质量技术奖一等奖、四川省科技进步奖二等奖。

许江平，2009年获华中科技大学材料加工工程专业博士学位，江苏大学教授，获2021年一带一路暨金砖国家技能发展与技术创新大赛之工程仿真创新设计赛一等奖、2022年第一届开源工业仿真软件集成大赛一等奖等奖项。

冯仪，2009年获华中科技大学材料加工工程专业博士学位，教授级高级工程师，任武汉新威奇科技有限公司总经理、湖北省机械工程学会塑性工程专委会常务理事，2023年获“光谷工匠企业家”荣誉称号。

朱国军，2009年本科毕业于华中科技大学塑性成型与控制工程专业，湖北三环车桥有限公司高级工程师、副总经理，2022年度襄阳市首席专家，获国家科技发明奖二等奖。

易平，2009年获华中科技大学材料加工工程专业博士学位，高级工程师，现任武汉益模科技股份公司董事长、总经理。

秦大辉，2009年获华中科技大学材料加工工程专业博士学位，西南石油大学教授，四川省海外高层次留学人才，获省部级科技进步奖三等奖2项。

吴晓，2010年获华中科技大学材料加工工程专业博士学位，武汉纺织大学机械学院教授，曾任该学院副院长。

李瑞迪，2010 年博士毕业于华中科技大学材料加工工程专业，中南大学教授、博导，教育部青年长江学者，湖南省科技创新领军人才，获中国有色金属青年科技奖、中国有色金属工业科技进步奖一等奖、湖南省自然科学奖二等奖。

付秀娟，女，2011 年获华中科技大学材料加工工程专业博士学位，武汉工程大学教授。

闫卫京，2011 年获华中科技大学材料加工工程专业硕士学位，中国船舶集团有限公司第 722 研究所高级工程师、装备生产部副主任。

柏兴旺，2014 年毕业于华中科技大学塑性成型与控制工程专业，南华大学教授、副系主任，获湖北省技术发明奖一等奖。

于盛睿，2014 年获华中科技大学材料加工工程专业博士学位，景德镇陶瓷大学教授，校学术委员会委员、工程训练中心主任。

刘凯，2014 年博士毕业于华中科技大学材料加工工程专业，武汉理工大学教授、博导，材料学院材料成型与加工工程系主任，科技部万人计划青年拔尖人才，荣获武汉理工大学“师德先进个人”称号。

张升，2014 年博士毕业于华中科技大学材料加工工程专业，北京科技大学教授、博导，航空工业集团高级工程师，获中国有色金属工业技术发明奖一等奖，中国产学研合作创新奖一等奖。

周祥曼，2016 年毕业于华中科技大学塑性成型与控制工程专业，三峡大学副教授，获湖北省技术发明奖一等奖。

符友恒，2016 年毕业于华中科技大学塑性成型与控制工程专业，武汉天昱智能制造有限公司高级工程师、副总经理，获中国发明协会发明创业奖创新奖一等奖。

王湘平，2017 年毕业于华中科技大学塑性成型与控制工程专业，武汉天昱智能制造有限公司高级工程师、副总经理，获湖北省技术发明奖一等奖。

李帅，2017 年博士毕业于华中科技大学材料加工工程专业，自主创办企业，任大连美光速造科技有限公司总经理、美光（江苏）三维科技有限公司总经理，获大连海创工程优秀学子称号。

刘行健，2018 年博士毕业于华中科技大学材料加工工程专业，大连理工大学教授、博导，中国科协青年托举人才，获加拿大 Ted Rogers 研究基金博士后研究奖、IEEE MARSS 最佳应用奖。

孙红梅，女，2019 年获华中科技大学材料加工工程专业硕士学位，中国人民解放军第 5713 工厂焊接资深专家，空军装备部航修系统首席技术专家，获中国好人、大国工匠 2019 年度人物、全国劳动模范等荣誉称号。

唐尚勇，2021 年毕业于华中科技大学塑性成型与控制工程专业，武汉天昱智能制造有限公司总经理助理，获中国发明协会发明创业奖创新奖一等奖。

附录

怀念导师
肖景容教授

李德群

（一）

肖景容教授是华中科技大学塑性加工学科的领军者，材料成形与模具技术国家重点实验室的创始人之一，是我们专业首届硕士研究生（邢吉祥、严泰、李志刚、刘全坤和我）的指导老师，我们前进道路上一盏光芒四射的指路明灯。

肖教授学为人师，行为世范，教书育人，桃李芬芳，深受材料学院广大师生的爱戴。他是一位长寿老人，平日里生活简约，通晓医术，善于调理，身体一向不错。

肖教授退休后对古文诗词兴趣盎然，造诣颇深，所创作的诗词刊登于《当代中华诗词通鉴》等50多种全国性的诗集中。仅2009年作家出版社出版的《中华诗词十佳精品选》一书中，就收录了他的82首诗词作品。

书中，有肖教授的《八旬自咏》：

八旬自咏

寿宴庆八旬，友朋情意深。

舌耕五十载，发掉三千根。

桃李遍中外，衣钵继古今。

后生诚可畏，专业几更新。

也有怀念他的好友、锻压教研室元老黄树槐校长的感赋：

黄树槐校长逝世纪念及骨灰安葬典礼感赋

丹桂飘香又一秋，思君不见令人忧。

木兰湖畔陵园秀，业绩芳名万古留。

还有祝贺我和课题组喜获国家科技进步奖二等奖的七言律诗：

书赠李德群及注塑组同志

注塑开发二十年，首创国内处领先。

求真实干学风好，反复切磋意志坚。

学子艺成奔外地，新生接力攀峰巅。

须知效益在应用，抢占市场出重拳。

2021 年，肖教授时年 98 岁，我们正在策划来年为他举办百岁祝寿会的事项。

怎料天有不测风云。9 月 24 日肖教授因发烧导致昏迷，入住市三医院 ICU 病房。肖教授苏醒后，10 月 10 日我们还去病房探视了他，次日病情突然反转，不幸与世长辞，我们无不沉浸在深切悲痛之中。

四十多年来，肖教授对我循循善诱，关怀备至，情同父子。我的成长过程和点滴进步里渗透着他老人家的无数心血和汗水。

（二）

我第一次见到久仰大名的肖景容教授，是 1978 年 6 月来到华中工学院参加研究生复试时。他个子不高，操一口难懂的湖南话，浓黑的剑眉下目光炯炯，显得十分威严，短暂交谈后又觉得他和蔼可亲、坦荡真诚。

面试结束前，我试探着询问录取的可能性，复试小组组长避而不答。肖教授却巧妙地送给我一颗定心丸，他对我说："研究生的课程很多，学习会很紧张的，你回去后抓紧时间多学点外语和数学吧。"

组长笑着问我："肖教授的话，你听懂了吗?"一语双关，肖教授的湖南口音本来就不太好懂。

"懂了!"我怎能不懂?

遵照肖教授的嘱咐，我复试结束回原单位后，抓紧时间自学英语。

我买到一本北京外国语学院薄冰主编的《英语语法》和一部《英语常用词汇字典》，夙兴夜寐，刻苦学习。两个月里，我将厚厚一本《英语语法》通读了一遍，此举为我在研究生阶段的英语强化学习赢得了宝贵的时间。

人们常将可遇而不可求的事情称之为缘分，我和肖教授的缘分不浅。

塑性加工的研究生专业考试原先准备考我没有学过的"塑性成形原理"。如果真考这门课程，我在报考时便无法选择塑性加工专业，自然就遇不到肖教授。肖教授建议将这门课的考试改为"金属学"，以便让更多的外专业学生能够选择塑性加工方向，这才有了以后肖教授和我情深意切的师生关系。

（三）

经历了十年动乱，克服了重重困难，我有幸来到华中工学院这所树木葱茏、碧草如茵、环境幽雅的部属重点大学读书，心中的激动和喜悦自不待言。

我衷心感谢党中央无比正确的改革开放政策，衷心感谢肖教授的舐犊之念和厚爱之情，给予了我改变命运、发挥才智的绝好机会，使我能够由一个县城农机厂的技术员，师从像肖教授这样德高望重的导师，步入科技报国之路，从而登上了更加广阔的人生舞台。

重新学习和深造的机会千载难逢，我下定决心，要将十多年来失去的时间夺回来，用优异的学习成绩和研究成果回报肖教授的知遇之恩。

入学后，同学们的表现都很优秀，刻苦学习，积极进取，肖教授对我们这批硕士研究生寄予了厚望。

根据锻压教研室科研工作的需要，在我攻读研究生期间，肖教授希望我着手翻译一部24万字的俄文最新专著《热体积模锻的最优化和自动化原理》。

当时，我正在突击学习英语。英语的重要性和紧迫感在改革开放后日益显示出来，我要尽快达到“会读、会写、会听、会说”的四会要求。

英语就像横在我们这些大龄研究生面前的一座高山，虽竭尽全力，却难以攀越。这突如其来的俄文专著翻译交给我后，俄语和英语在头脑里并存，两种语言经常混淆和干扰，使我感到雪上加霜。

我知道，肖教授慧眼独具，想率先在国内开展锻压模具设计最优化和自动化的研究，但是无章可循，无据可依，恰逢此时有了这样一本俄文最新专著可以参考，他想让我先探一下路，看是否能够开辟一个全新的研究方向。

那本俄文专著共有200多页。我计算了一下，如果我每天能够翻译两页，三个多月便可完成全书的翻译，正好可在当年的暑假，将此书的译稿交给肖教授审阅。

英语学习必须照常坚持，其他功课负担也很繁重，每天两页的俄文翻译我只能见缝插针。那一段时间里，我争分夺秒，放弃了休息，放弃了娱乐，放弃了锻炼，为的是按期完成肖教授交给我的重要任务。

翻译工作完成后，肖教授想让我通过一个应用实例，探讨一下锻压模具计算机辅助设计（CAD）的难点和效果，但又担心我在如此短暂的时间内可能做不出什么名堂，所以特地为我安排了一套板料成形试验装置作为我硕士学位论文的后备方案。

三个多月来的专著翻译，虽然备尝艰辛，但心得体会与日俱增，思路逐渐清晰明了，我对开展模具CAD的研究充满信心。我对肖教授说："不要为我留后路，我有破釜沉舟的决心。"

听到我的回答，肖教授露出了欣慰的笑容。他所期待的就是我的这个明确表态。

万事开头难。我在研究中遇到的难题，是如何利用计算机描述锻件的几何形状。当时，国内既无图形显示终端，又无实用的图形软件。这是上世纪70年代末CAD技术研发在我国举步维艰的主要原因。

苏联同行的硬件条件也不好，同样遇到图形输入的困难。所以他们深入地研究了如何采用编码法描述典型锻件的形状。他们首创的编码法能够将复杂的几何图形转换为一组关联的数字。这在我翻译的那本俄文著作中已有简明的叙述。

原以为肖教授要我翻译那本俄文专著是"雪上加霜"，谁知道却是"雪中送炭"，肖教授确实是高瞻远瞩，匠心独具。

在硕士论文研究阶段，我编制了热体积模锻毛坯自动化设计程序。以汽车发动机连杆锻件为例，完成了模锻工艺过程的最优化设计，在国内首次实现了模锻工艺过程自动化和最优化的研究和验证。

（四）

1981年6月研究生毕业后，严泰、李志刚和我三人留校做了肖教授的助手，致力于模具CAD/CAM技术的研究。此时，肖教授争取到电子工业部的一项科技攻关重点课题。这个项目的攻关目标是开发一套实用型的板料精密冲压模具CAD系统。

这是我留校后第一次参加科研攻关项目的研究，极其珍惜这次难得的锻炼机会。

这项攻关任务在肖教授的领导下，由锻压教研室的肖祥芷、江复生两位老师以及严泰、李志刚和我共同承担，与在我校附近的长江无线电厂（733厂）协同攻关。尽管任务艰巨，困难重重，但是大家通力合作，相互支持，共同度过了一段美好难忘的宝贵时光。

在工作中，肖教授的领导才能和人格魅力给我留下了深刻印象。

肖教授根据我们每个人的特点，将工作安排得有条不紊、合情合理。他对待下属，不分亲疏、一视同仁。他虚怀若谷、从不揽权，让我们独立自主，对我们高度信任。

更加难能可贵的是，肖教授不搞形式主义，不做表面文章，尽可能减少不必要的开会学习和劳动时间，给我们提供了一个宽松、和谐、自主的学习和工作环境。

在肖教授的领导下，我们研发的板料冲裁模计算机辅助设计与制造系统填补了国内空白，在国内同行中获得较高的评价，荣获1989年教育部科技进步奖一等奖。

（五）

自1953年创办锻压专业以来，我们锻压教研室的业务范围一直局限在金属成形加工领域。时为锻压教研室主任的肖教授及其科研团队，长期以来致力于热锻和冷冲工艺以及模具技术的研究和开发，成果十分显著，其学术地位和对行业的引领作用被业内同行所公认。

1984年开始，肖教授敏锐地意识到，在国内模具行业，热锻和冷冲等金属成形模具只拥有国内的半壁江山，还有半壁江山被塑料成形模具所占据，特别是塑料注射成形模具，近几年来发展迅猛，潜力很大，而我国在该领域还缺乏深入细致的研究。

肖教授的雄心壮志是要在我校创建一个国家级的模具设计与制造

基地。当时他感到需要加强的，是建立一支包括从事塑料成形模具技术研究在内的高水平学术队伍。

肖教授在国内率先开展模具 CAD/CAM 研究，及时组织塑料成形模具先进技术研究的谋划布局，真是审时度势、高瞻远瞩。

正是由于肖教授的精心谋划和超前布局，使得我校在首批国家重点实验室申报的激烈竞争中脱颖而出。1992 年成立筹备组，1995 年经国家计委批准，利用世界银行的专项贷款，在我校正式成立了“塑性成形模拟及模具技术国家重点实验室”。

“天道酬勤，业道酬精。”肖教授终于如愿以偿，成就大业。

肖教授知人善任，推荐与我同时留校工作的李志刚担任塑性成形模拟及模具技术国家重点实验室的首任主任。果不其然，我们的国家重点实验室在李主任的带领下，一步一个脚印，运转得有声有色、风生水起。

（六）

由于当时的环境和条件所限，肖教授打算从校外物色一位塑料成形领域学术带头人的想法一直未能如愿。时不我待，他想从我们锻压教研室内部挑选一名中青年教师加以培养和任用。

肖教授将目光又一次对准了我。他与我的谈话开门见山、简单明确，至今言犹在耳。

“我想抽调你出来专攻塑料成形模具，不知你的意见如何？”肖教授单刀直入。

“您知道，我最熟悉也最喜爱的是冷冲压模具。”我回答说。

“我考虑了很久，觉得你是合适的人选。”肖教授十分肯定。

“为什么您觉得我合适呢？”我接着问。

“因为你做事踏实，肯动脑筋！”肖教授脱口而出。

“您这么信任我，不知我能否担此重任？”我继续问。

“我相信你一定能胜任。”肖教授对我充满信心。

“好的，我一定努力！”我当即表态。

俗话说得好：“三十不学艺，四十不改行。”当时我已是 40 岁的中年人，鼎盛时期已过，马上要重启一个我不太熟悉的新研究方向，不免会产生一些畏难情绪。

肖教授并没有让我孤家寡人似地单打独斗。他调配了一位北京航空学院 1969 年毕业的青年女教师江复生和在读博士生余华刚协助我的创建工作。就这样，我和江老师、余博士一道，开启了我们塑料注射成形课题组的新征程。

（七）

我在阅读英文文献时，知道美国康奈尔大学有一位王教授（王国金，K. K. Wang）。他领导的塑料注射成形模拟研究在美国国家自然科学基金的资助下已有十余年的历史，研究成果处于国际领先水平。

塑料注射成形在我国发展很快，前景很好，但我们对成形模拟技术的研究还一无所知。我建议我们也应尽快开展这项高新技术的研究，最好能将国际著名学者王教授请来我校讲学。

20 世纪八十年代中期，国际学术交流活动在我国尚属起步阶段，想要将国际学术权威请来我校讲学绝非易事，我希望肖教授能予以协助和配合。

肖教授对我的建议十分支持并大力协助。他经多方查询，终于通过他的好友、美国福特汽车公司的汤新之高级工程师与王教授取得了联系。

王教授早年毕业于南京中央大学，他在德国和美国担任高级工程师多年，后来在美国威斯康星大学获得工学博士学位，现在是美国康奈尔大学的终身教授、美国国家工程院院士。他母亲是年逾八十的长寿老人，在南京定居。王教授夫妇经常利用寒暑假回国探亲。

功夫不负有心人。王教授欣然接受了肖教授的盛情邀请，决定1985年7月来我校讲学三周，然后和夫人一道从武汉乘轮船去南京探亲。

肖教授与王教授是同龄人，经历和爱好相似，两人相见恨晚，十分投缘。王教授在结束我校讲学后，决定邀请我去康奈尔大学他的研究团队做访问学者，肖教授为推动此事起到了关键作用。

“乘风破浪会有时，直挂云帆济沧海。”在肖教授的关怀和促成下，我一年多的康奈尔大学之行，拓宽了人生视野，明确了前进方向，使我和我的研究团队在一个更高的起点破浪远航。

（八）

从1978年开始，我在肖教授身边学习、工作和生活已经整整44年。他的博学多才和言传身教使我受益匪浅。以上我的一些回忆只是漫长而珍贵岁月里的几个片段。

常言道，人生中如能遇到一位好老师，成长道路上便会多出一分幸运。肖教授就是这样一位给我带来机会和运气的恩师。

肖教授除了传授我专业知识外，他对我立德树人的教导、对我研究方向的指引、对我教学工作的培养、对我无微不至的关怀，恩重如山，情深似海，学生将永远铭记于心。

肖教授退休以后，每年新春佳节，我和他的众多弟子一样，都会去他家里拜年和慰问，聆听他的谆谆教诲，分享他的养生之道。

斯人已逝，幽思长存。肖教授虽然离开了我们，但他的音容笑貌，对事业的执着追求，对学生的满腔热忱，对材料加工学科的卓越贡献，将永远长存于我们的心里。

敬爱的肖老师，如有来生，我还要再做一次您的学生！

锻压为魂，皓首穷年勤耕耘[①]

孙友松

新中国成立以来，尤其是改革开放40年来，我国经济和科技事业得到快速发展，国家的发展、科技的进步，制造技术是基础。作为制造技术的重要组成部分，锻压技术的发展，也是举世瞩目。想当年，为自制的一万二千吨水压机，全国人民着实自豪了好多年；看如今，万吨机已经不足为奇，遍布全国各地。2013年，我国自制的八万吨液压机正式投产，打破了俄罗斯保持了半个世纪之久的巨型压力机吨位的世界纪录。载人飞船、大飞机、核电机组、高铁……我国近年来那些令国人骄傲的科技成果中，无不包含着锻压人的智慧和光芒，例如大型核电机转子的整体锻造、高合金厚壁管的挤压、飞机钛合金关键零件的模锻等等。当你为中国高铁走向世界而骄傲的时候，你是否知道，那漂亮的流线型车头的外形优化和整块板材冲压成形就是我国高铁技术的重大创新之一呢！

抚今追昔，我国锻压事业的进步，离不开老一辈锻压专家的艰苦奋斗，想到那些老一辈的锻压宗师，在我脑海里留下印象最深的就是华中科技大学的黄树槐教授，他是我国老一辈锻压人的杰出代表。他

① 原载中国锻压协会成立三十周年文集《锻压人生、锻压精神》，2016年。

对国家的忠诚、对锻压事业的热爱、为科技事业孜孜不倦，毕生为之倾情刻苦奋斗，皓首穷年在这块园地辛勤耕耘的精神，是我们永远学习的榜样。

黄树槐教授1930年2月出生，湖南省宁远县人。1952年毕业于武汉大学，留校任教。1953年院校调整，来到当时刚组建的华中工学院工作。1955年至1958先后在哈尔滨工业大学、清华大学进修。1964年至1984年历任华中工学院锻压教研室副主任、主任、机械工程研究所所长、机械工程系主任。1984年至1993年任华中工学院院长、华中理工大学校长。他还曾任湖北省科学技术协会副主席、中国机械工程学会常务理事、中国机械工程学会锻压学会理事长、全国高等学校锻压专业教学指导委员会主任委员等职。黄树槐教授1952年参加工作直至2007年因病去世，在锻压领域耕耘了整整56年。正是：矢志献科技，勇攀高峰功告成；倾心育桃李，甘做春蚕丝吐尽！

志存高远　胸怀天下

黄先生出身军人世家，祖父是清末湘军将领，曾参加镇南关抗法战争。父亲是原国民党少将，但早就解甲归田，不问政事。由于黄先生是长子，参加工作后父亲一直与他同住，在那个极左的年代，所受的压力可想而知。但这并没有影响他热爱人民、报效祖国的赤子之心。黄先生从小就受家庭“读书救国、振兴中华”思想的熏陶，满怀“国家兴亡，匹夫有责”抱负，刻苦攻读。

新中国成立不久，他大学毕业成了一名人民教师，怀着崇高的理想，积极投身教学和科研，最大限度地发挥出自己的光和热。“文革”后，拨乱反正和落实知识分子政策，极大地激发了他的政治热情，更加坚定了跟党走、建设有中国特色社会主义的信念。1979年，他终于实现了自己的夙愿，光荣地加入了中国共产党。那时我正在学校读研究生，当时《华中工学院》校报还就此专门发表了一篇评论，题目为

“黄树槐入党了”，作为出身不好的知识分子追求进步的一个典型来宣传。

记得改革开放之初，我们这批刚从十年桎梏中解脱出来的青年学生还如噩梦初醒，心有余悸，未免缺乏自信。有次我们几位同学与黄先生闲聊，议论到我国大学校长什么人当较好。有同学说，根据我国国情，学者恐怕难以胜任大学校长之职，还是由政治家当比较合适。但黄先生却不以为然，他说学者也可以当好校长。后来在 1984 年，黄先生还真当上了华工的校长，想不到当时闲聊的话竟成现实。尽管当时黄先生还只是一位普通教师，但先生志存高远，以天下为己任，早有“处江湖之远，则忧其君”，干一番大事业的凌云壮志。

在此之前，朱九思老院长治校有方，罗致人才，重视科研，为华工的腾飞打下了坚实的基础。黄先生在其八年的校长任期中，励精图治，狠抓学科建设，使华工的办学水平又上了一个新的台阶，赢得了“学在华工”的美名。

黄先生任校长期间，是华工发展最好的时期之一，学校实现了跳跃式发展。1988 年，华中工学院改名为华中理工大学，后又经合并，改为华中科技大学，由单一的工科院校发展成为一所综合性大学，并进入了全国名牌大学的行列。承前启后，开拓进取，黄先生为华中科技大学的发展做出了卓越贡献，在学校发展史上留下了浓墨重彩的一章。

黄先生常教导我们，知识分子要以自己的知识来报效祖国，建设祖国，以祖国的繁荣昌盛为自己的最高理想。他这样教导我们，自己也是这样实践的，他以自己的辛勤劳动，在锻压界建立了一座丰碑，为我们树立了榜样。教学上他言传身教，呕心沥血，培养了大批锻压专业的优秀人才，遍布世界和祖国各地，不少人都成了行业的骨干和精英，为锻压事业的繁荣做出贡献；科研方面他辛勤耕耘，硕果累累，在锻压领域获得诸多开创性的成果，获国家发明奖、科技进步奖 4 项，还有众多的省、部级奖励，2004年获“何梁何利”奖，科技成果转化的直接经济效益超过6亿元；八年校长任期，他鞠躬尽瘁，为学校的发展做出卓越贡献。他还长期担任国务院学位委员会材料学科评审组成员、召集人，为我国高层次工程科技人才学位制度建设做出了贡献。

辛勤耕耘　硕果累累

黄先生选择对国家的经济和国防建设具有关键作用的锻压装备作为自己的主要研究方向。“文革”刚结束，他和同事们就开展了螺旋压力机的研究，并在1978年的全国科技大会上获奖。不久，又针对我国军用飞机发动机叶片成形的需要，开展了液压螺旋压力机的研究，发明了一种工作可靠、能承受冲击载荷、传动效率达95%的大扭矩螺旋式液压马达，从而研制成功有特色的低成本液压螺旋压力机并实现产业化，使叶片的锻造公差减少了57%，1980年获国家发明奖，这也是我国锻压设备首个国家发明奖项。

在上世纪六十年代，数控技术在国际上出现不久，在国内尚属凤毛麟角，国内锻压界更是知之不多，极少应用。当时，黄先生就“斗胆”承担了国家的快锻数控水压机研究项目，而且漂亮地完成了任务。在我国首次研制成功动作时间仅6ms的快速阀，并在实验室条件下首次实现锻造水压机组的数字控制和微机控制；围绕在高压、大流量、换向频繁（80次/分以上）条件下，对重达近百吨运动部件进行快速、平稳和精确控制等技术难题，开展了液压冲击、控制、仿真等基础研究。1982年实现了开关式液压系统模糊控制，这是国内外最早取得的液压系统模糊控制成果。通过研究阀的启闭规律对系统快速性和平稳性的影响，提出了正弦启闭控制策略，解决了恶劣环境下系统的可靠性问题。与兰州石油化工机械厂合作，1995年开发成功8MN快锻水压机组，实现了从炉内出料到锻成成品全过程的机械化和自动化，改变了落后的生产方式和劳动条件，大幅度提高了劳动生产率，控制精度达±1 mm。在开鉴定会时，专家们看到实验室里水压机—操作机数控联动，全自动化操作，都惊叹不已。这么先进的东西，只能在外国杂志上看看照片，现在居然在华工实验室看到了实际操作，而这一切都是我们自己干出来的！1997年该项目荣获国家科技进步奖二等奖。

黄先生是学机械出身，但对电力电子、控制技术也有很深的造诣。1965年以来一直从事机、电、液、材料多学科交叉领域的研究，1989—1992年主持国家自然科学基金重大项目“机械制造若干关键技术基础研究”时，针对我国硬件基础薄弱的情况，按照国外模式采用专用体系难以形成产业，并预料到PC工控机将有很大发展前景，率先提出“PC平台、软件突破”，避开硬件瓶颈，发展我国数控产业的技术路线，成功研制样机，得到国家计委高度重视。与周济教授共同承担八五重点攻关项目“高性能数控系统的研究与开发”，研制成功华中Ⅱ型系统，打破了国内数控领域“洋品牌一统天下”的局面，为促进国产数控技术的发展做出卓越贡献，现在华中数控已经发展成为国内颇具影响力的数控产业基地。他还主持完成八五重点攻关项目“锻压机床通用数控系统”，开发成功多种数控锻压机床。这些成果在2000年再次获国家科技进步奖二等奖。

黄先生对世界成形加工新技术的发展动向具有十分敏锐的洞察力。上世纪八十年代末美国科学家发明了快速原型RP（RAPID PROTO-TYPING，即现今的3D打印）技术，黄先生立刻感觉到，这是一项具有革命意义的新技术。他马上组织队伍进行研究，并很快取得成果，1995年就在北京首次展出自主研发的快速成形机，成为我国这一新技术的开拓者之一。2000年完成RP的国家863重大项目，在主机、控制、材料等方面实现创新，克服了LOM制件强度低、易变形和采用该工艺难以制作复杂薄壁件等缺点，提出容错切片、网格划分自适应等理论和方法；开发出功能强大的成套数据处理、工艺和控制软件，解决了国产激光器连续运行功率不稳定问题，大幅度降低了设备成本；

成功开发出薄材叠层（LOM）、粉末烧结（SLS）、光固化（SLA）三种快速成形机，以及反求设备、快速制模设备，形成成套的快速制造技术和装备。为解决运行成本高的问题，他还主持研发出价格低廉、性能优良的三种类型快速成形的配套材料并实现批量生产。他所创立的产学研一体化的滨湖机电公司现在已经成为我国3D打印产业的重要基地，在大型企业国际招标中屡屡击败国外著名公司中标，产品广泛应用于工厂、科研部门、军工和高等院校。相关创新获4项发明专利、10项实用新型专利，2001年获国家科技进步奖二等奖。黄先生和他的团队的辛勤劳动，为提高我国在这一领域的国际竞争力做出了重大贡献。

建设团队　异军突起

要取得创新性的成果，必须依靠集体的力量，工程技术的创新尤其如此。致力于建设一支优秀的创新团队，这是我从黄先生身上看到的宝贵精神。

建设好团队，不但要自己起模范带头作用，带着大家干，而且要关心爱护同事和属下，团结大家一起工作。作为老一辈的学科带头人，黄先生不但身先士卒，科技攻关时冲锋在前，而且处处关心他人，实实在在地解决课题组同志在工作、生活中的困难。记得还是在读研究生的时候，黄先生正带领课题组开展快锻液压机的课题研究，黄先生家住校外，但仍和大家一样，经常彻夜加班，不能回家，错过开饭时间，就晚上下碗面条充饥。有的老师出差在外，时间较长，家有老小，不能顾及家庭，心中难免担忧。黄先生就组织课题组的年轻老师周末到出差的同志家中干家务，打扫卫生、洗被子，送去同志们的关怀和温暖，解除他们的后顾之忧。

对一些年轻的同志，黄先生十分关心他们的成长，经常给他们创造进修深造的机会，不仅使用人，更加注重培养人，使之早日成才。

我们七十年代末在华工读研究生时，锻压专业虽然历史并不是十分悠久，但在他和肖景容等老师带领下，全体师生团结奋进、生机勃勃；教研室硕果累累，一派蒸蒸日上的气象。

1978 年“文革”后首次晋升高级职称时，全校破格由讲师直接晋升教授的仅有两人，而两位都在锻压教研室，即黄先生和肖景容先生。晋升结果登在省报上，我们作为锻压专业的首批研究生，都感到十分自豪。1984 年华工的锻压学科通过了国家博士点评审，成为我国该学科首批博士授权点之一，1988 年又成为国家级重点学科，不久，还获准成立了塑性成形模拟与模具技术国家重点实验室，这也是全国唯一一家锻压专业的国家重点实验室。

华工的锻压教研室已经成为一个教学科研的优秀团队，而这个优秀团队的形成，黄先生在其中的主导作用功不可没。华中科技大学能够在“文革”后异军突起，以一个后起之秀，跻身全国一流大学行列，靠的也是黄先生等老一辈学术带头人的艰苦奋斗和他们所倡导的团队精神。

淡泊名利　无私奉献

黄先生一生勤勤恳恳，艰苦卓绝，成就斐然；但却淡泊名利，只讲奉献，不求闻达。八年多的校长生涯，鞠躬尽瘁，为学校的发展付出了他全部心血，1993 年从校长岗位退下来后，他并没有止步不前，而是继续辛勤耕耘在学科前沿。

除了在锻压设备传统领域继续进行创造性的探索外，还在快速原型、快速制造、交流伺服驱动等先进制造领域开辟新的方向，并很快取得具有领先水平的研究成果。由于种种原因，评选院士无果，但他淡然处之，丝毫没有影响他的工作热情。75 岁以后，由于年龄关系，他已经没有候选院士的资格，但作为学校的特聘教授，他可以享有不退休的“特权”，继续做科研，为此他感到十分满足。他常常说，自已努力工作不是为名，也不是为利，只是希望满脑子的知识、经验和想法能为国家和社会造福，不然，带着它们去见马克思，实在太可惜。

他的子女已成家，且不在身边，没有什么后顾之忧，实验室一家，两点一线，成了他日常生活的全部，他天天到实验室，甚至周末都不休息。我每次有事找他，打电话到实验室总能找到。直到 2007 年住进医院之前，他还一直在坚持上班，甚至住院期间，还在病房里召开过数次工作会议，布置科研工作。他最后不幸于 2008 年 10 月 11 日病逝于医院，真正实践了为国家鞠躬尽瘁、死而后已的誓言。

师生友谊　情深谊长

我于 1962 年考入华中工学院，就读于锻压专业。当时，黄先生已经是专业教研室的一位青年骨干教师了，执教我们的“曲柄压力机”课。那时该课程没有正式的教材，用的就是黄先生自己编写的讲义，“文革”后，在这本讲义的基础上，1978 年由人民教育出版社出版了全国第一部关于曲柄压力机的正式教材。“文化大革命”中，教研室老师全部下到学生中“闹革命”，黄先生正好下到我们班，与同学们朝夕相处，坦诚相待，结下了深厚的友谊。

“文革”后恢复高考，1978 年我考回母校，有幸在黄先生指导下攻读硕士学位，成为改革开放后我国首批锻压专业的研究生。读研期间，黄先生耳提面命，悉心指导，使我顺利完成学业。

1981 年毕业后，我被分到广东一所高校，1994 年进入了学校领导班子。由于工作上的关系，几乎每年都要回到母校，看望黄先生，或是请教学问，或是求助于工作。黄先生也数次到我工作的学校，不仅关心我本人的教学科研，而且对我校的工作给予了宝贵的指导，与学校领导座谈，传授治校和学科建设的经验。黄先生一生热爱祖国、热爱人民，把自己的一切都献给了科教事业；在工作上不惧艰险、勇敢攀登，淡泊名利，无私奉献；在生活中，严于责己，关心他人。他的言传身教，使我受益终身。

2007年8月黄先生因病住院，我曾两次到医院探视。最后一次，先生还兴致勃勃地和我讨论了液压机方面的一个学术问题，思维仍然是那么敏捷，逻辑仍是那么严谨。想不到那次见面，竟成诀别。

巨星陨落，黄先生的去世，是我国工程技术界尤其是锻压学术界的重大损失！庆幸的是，在党中央的正确领导下，我国的经济建设蒸蒸日上，各项事业健康发展，锻压事业也是后继有人，每年都有新的成果。2015年中央颁布了"中国制造2025"的宏伟计划，制造技术赶超世界先进水平指日可待。我想，当黄先生在天之灵看到这一切时，应当感到欣慰。